数学万花筒

斯 著

冯惠英 译

上海科技教育出版社

图书在版编目(CIP)数据

数学万花筒 /(美)西奥妮·帕帕斯著;张远南,张昶,冯惠英译.—上海:上海科技教育出版社,2023.2(2024.5重印)

(数学桥丛书)

书名原文:The Joy of Mathematics

ISBN 978-7-5428-7608-9

Ⅰ.①数… Ⅱ.①西… ②张… ③张… ④冯… Ⅲ.①数学—普及读物 Ⅳ.①01-49

中国版本图书馆 CIP 数据核字(2021)第 233590 号

责任编辑　郑丁葳
封面设计　符　劼

数学桥丛书

数学万花筒

[美]西奥妮·帕帕斯　著

张远南　张　昶　冯惠英　译

出版发行　上海科技教育出版社有限公司
　　　　　　（上海市闵行区号景路159弄A座8楼　邮政编码 201101）

网　　址	www.sste.com　www.ewen.co	
经　　销	各地新华书店	
印　　刷	启东市人民印刷有限公司	
开　　本	720×1000　1/16	
印　　张	16.75	
版　　次	2023年2月第1版	
印　　次	2024年5月第2次印刷	
书　　号	ISBN 978-7-5428-7608-9/N·1136	
图　　字	09-2020-660号	
定　　价	60.00元	

前 言

数学不仅仅是计算、解方程、证明定理,不仅仅是做代数、几何或微积分习题,也不仅仅是一种思维方式,数学还可以是雪花的图案、棕榈叶的曲线、建筑物的形状,是游戏、解谜,抑或是海浪的峰谷、蜘蛛网的螺旋。数学既古老又新颖,它与宇宙间的一切事物密切相关。

在外行人的眼中,数学就是一些冷僻、生涩的数字、想法和概念。然而,当数学被看作一种拼贴艺术时,它的创造力和美感就显现出来了。我希望你隔开一些距离,用开放的视野和头脑来审视数学。每当你发现一座数学宝藏时,你就会深切地意识到数学的美。我希望你会惊叹于本书所呈现的无比奇妙的数学世界,并体验其中的快乐。

本书和《数学百宝箱》一样,各个主题仅仅提供了一些有趣的想法、概念、谜题、趣闻、游戏等概况。我希望它们能激起你的好奇心,去寻找和探索更多有意思的信息。

目　录

十进制的演变

　　早期的计数形式，并没有位置值系统①。约公元前1700年，60进制开始出现，这种进制给了美索不达米亚人很大的帮助。索不达米亚人发展了它，并将它用于他们360天的日历中。今天人们已知的最古老的真正的位置值系统是由古巴比伦人设计的，这种设计借鉴了苏美尔人所用的60进制。为了表示0至59这60个数，他们只用了两个符号，即用 Y 表示1，而用 〈 表示10。这样就可以进行复杂的数学计算，但是零没有对应的符号，只是在其所在位置留下一个空位进行表示。

　　大约在公元300年，符号零（即 〈 或 ＞ ）开始出现，而且60进制也得以广泛使用。在公元后的早些年，希腊人和印度人开始使用十进制，但那时他们依然没有采用位置记数法。他们利用字母表的前十个字母进行计数。而后，大约于公元500年，印度人发明了十进制的位置记数法。这种记数法对超过9的数不再赋予专属符号，而统一采用前9个符号的组合进行表示。于公元825年左右，阿拉伯数学家花拉子米（Al-Knowavizmi）写了一本关于印度数字的伟大著作。

　　大约11世纪，十进制传到西班牙，西阿拉伯数字形成。此时的欧洲处于疑虑和缓慢改变的状态。学者和科学家们对十进制的使用持谨慎态度，因为用它表示分数相对复杂。然而一经商人们使用，它立刻变得备受追捧，因为它在工作

---

　　①　位置值系统是这样一种数的系统：每个数字所处的位置，影响和改变该数字所代表的值。例如，在十进制中，数375中的数字3，它的值不是3，因为它在百位上，所以其值为300。——原注

一 = 三 ᐱ Γ 6 7 5 ?

印度人的数字——公元前 3 世纪

ᔑ ? ᒿ 8 ᛌ ᒆ ᔿ ᅀ ᐤ

印度人的数字——公元 876 年

ᖫ ? ᔞ 8 ᖻ ᔞ ᗷ ᗲ ᔢ ᐤ

印度人的数字——11 世纪

1 2 ᛉ ᛠ ᑘ 6 7 8 9

西阿拉伯人的数字——11 世纪

l ୮ ୮ ୮ ᕽ ୦ ᥅ ∨ ∧ ୧ ·

东阿拉伯人的数字——1575 年

1 2 3 ᒉ 6 6 ∧ 8 9 ·

欧洲人的数字——15 世纪

1 2 3 4 5 6 7 8 9 ·

欧洲人的数字——16 世纪

1234567890

计算机数字——20 世纪

和记录中显示出无可比拟的优越性。到了 16 世纪,小数也出现了。而小数点则是纳皮尔(John Napier)于公元 1617 年引入的。

　　将来某一天,当我们的需求和计算方法发生改变时,会不会出现新的系统替代十进制呢?

毕达哥拉斯定理

　　任何一个学过代数或几何的人,都知道毕达哥拉斯定理。这一著名的定理不仅被运用到数学各个分支中,在工程、建筑以及测量等方面也有着广泛的应用。古埃及人用他们所掌握的这个定理来构造直角。他们把绳子按3,4和5单位间隔打结,然后把三段绳子拉直形成一个三角形。他们知道所得的三角形最长边所对的角总是一个直角($3^2+4^2=5^2$)。

毕达哥拉斯定理:

　　给定一个直角三角形,则该直角三角形斜边的平方等于同一直角三角形两直角边的平方和。

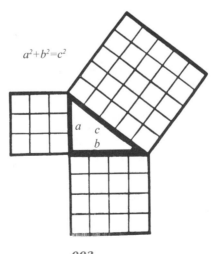

$a^2+b^2=c^2$

反过来也成立：

如果一个三角形两边的平方和等于第三边的平方,那么该三角形为直角三角形。

虽然这个定理以希腊数学家毕达哥拉斯(Pythagoras,约公元前540年)的名字命名,但有证据表明,该定理的历史可以追溯到比毕达哥拉斯早1000年的古巴比伦的汉谟拉比时期。把该定理的名字归于毕达哥拉斯,大概是因为该定理的首个文字记录出自他的学院。毕达哥拉斯定理的存在和记载,遍及世界的各大洲,涵盖各种文化,贯穿各个时期。事实上,这一定理的记载之丰富,是其他任何定理所无法比拟的!

视错觉与
计算机绘图

绘图是人们探索计算机应用的又一个领域,下图是用计算机绘制的施罗德楼梯。它属于一种振动错觉。

我们的头脑往往受过去的经验和暗示的影响。开始时可能会以某一角度看问题,但是经过一定时间后,我们的观点便可能发生改变。时间的因素影响着我们的注意力,或者说,我们一定时间后会对之前关注的事物感到厌烦。长时间盯着施罗德图形看,你会忽然感觉楼梯翻转了。

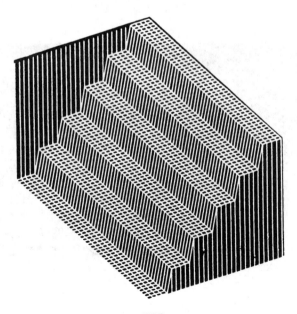

摆　　　线

　　摆线是众多迷人的数学曲线之一。它是这样定义的:一个圆沿一直线缓慢地滚动,则圆上的一个固定点所描出的轨迹称为摆线。

　　关于摆线的记录最早可见于公元1501年出版的鲍威尔(Charles Bouvelles)的一本著作。在17世纪,大批卓越的数学家热衷于探索这一曲线的性质。17世纪,人们热衷于用数学方法研究力和运动,这或许可以解释人们为什么对摆线怀有强烈的兴趣。在这一时期,伴随着许多新发现,也出现了众多名誉纠纷,如谁最先发现了什么,相互指责对方剽窃,以及贬低他人的成果。结果,摆线被贴上

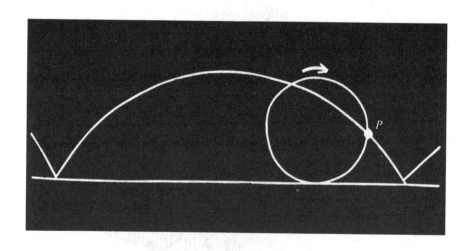

了引发争议的"金苹果"和"几何的海伦"的标签。①

17世纪，人们发现了摆线的如下性质：

1. 它的长度等于旋转圆直径的4倍。尤其令人感兴趣的是，它的长度是一个不依赖于π的有理数。

2. 在弧线下的面积，是旋转圆面积的3倍。

3. 圆上描出摆线的那个点，速度是变化的——事实上，在P_5的地方它甚至是静止的。

4. 将弹珠从一个摆线形状的容器的任意点放开，它们落回底部的时间总是相同。

弹珠A和B同时到达底部

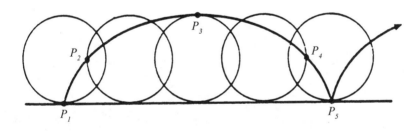

图中每个圆代表旋转圆每转四分之一时的位置。注意从P_1到P_2这四分之一转的弧线要比从P_2到P_3这四分之一转的弧线短得多。因此，从P_2到P_3点必须加速，以便在同样长的时间内走得更远。在必须掉转方向的地方，如P_5，该点处于静止

有许多与摆线相关的有趣的悖论。其中火车悖论格外引人关注：

在任一瞬间，一辆行驶中的火车绝不可能完全朝着引擎拖动的方向移动。火车上总有一部分在朝火车行驶的相反方向移动！

---

① 引发争议的"金苹果"和"海伦"都是引自希腊的神话。海伦(Helen of Troy)是宙斯(Zeus)与勒达(Leda)之女，因被帕里斯(Paris)所拐骗而引起了特洛伊战争，所以有"祸根"之意。这里暗指摆线是引发争议的祸根。——译注

这个悖论能够用摆线加以说明,这里形成的曲线称为长幅摆线——该曲线由旋转轮外沿的固定点描出。下图显示出当火车的车轮向右滚动的时候,车轮上的某些部位在反向运动。

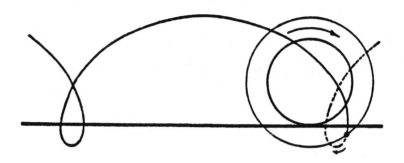

三角形变为正方形

德国数学家希尔伯特（David Hilbert）第一个证明了，任何一个多边形都可以通过切割成有限块而把它变换为另一个面积相等的多边形。

上述定理可以用著名的英国谜题专家杜德尼（Henry Dudeney）的一个谜题加以说明。杜德尼把一个等边三角形切为四块，重新拼接后变为一个正方形。

请用下图的4个碎片先拼出一个等边三角形，然后再拼出一个正方形。

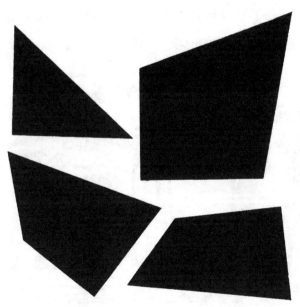

（答案见附录）

哈雷彗星

　　天体的轨道是为了便于用数学方程或图形进行描述而提出的概念。曲线图有时能够反映物体的运行规律及运行周期。哈雷彗星也可以用这种方法进行研究。

　　直至16世纪，彗星还是一种无法解释的天文现象。亚里士多德(Aristotle)和其他希腊哲学家认为它们是地球大气中的某种影像。1577年，这种观点遭到了丹麦著名天文学家第谷(Ty cho de Brahe)的反驳。第谷在丹麦汶岛的天文台工作，他精确地观测到了1577年的彗星，并测出该彗星到地球的距离至少是地月距离的6倍，从而推翻了此前的地球大气影像论。可是100年后，有些人认为

贝叶挂毯上描绘的哈雷彗星

彗星的运行轨迹并不遵从太阳系的哥白尼定律和开普勒定律,就连开普勒(Johannes Kepler)也相信彗星的轨迹是一道直线。1704年,哈雷(Edmund Halley)对各种彗星的轨道进行了颇有成效的研究。在广为收录的资料中,关于1682年的彗星的记载最为详尽。他注意到该彗星的轨道与1607年、1531年、1456年等的彗星轨道如出一辙。由此他得出结论,它们应是同一颗彗星,它绕太阳运行的轨道呈椭圆形,周期约75至76年。他还成功地预测该彗星应于1758年回归。这颗彗星后来被命名为哈雷彗星。新近的研究表明,在公元前240年,中国人就已记录到了哈雷彗星。

哈雷彗星每一次出现时,在它的身后总是拖着一条渐渐淡去的彗尾,这道奇观于1985—1986年再次出现。

人们相信,彗星最初是从一些冰体小行星演变而来。这些冰体小行星在距太阳1至2光年的球面上绕着太阳运转。它们由冰块和硅酸盐颗粒组成。在太

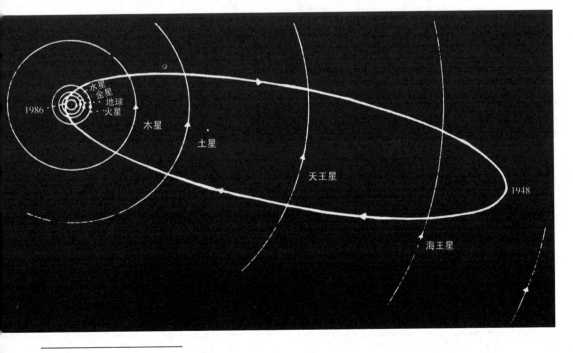

① 1英里≈1.6千米。——译注

阳系的边缘,温度极低,这些小行星绕着太阳以每分钟3英里^①的速度运行,绕太阳旋转一周耗时$3×10^7$年。有时候,附近天体的引力影响会导致小行星速度变慢,进而向太阳靠拢,并因此改变其圆形的轨道为椭圆形。自从它进入太阳的椭圆形轨道,它的部分冰块便开始气化,形成彗尾。彗尾永远指向背离太阳的方向,因为它持续受到太阳风的吹拂。彗尾由气体和小颗粒组成,它受太阳的照射而发光。彗星如果没有受到木星和土星引力的影响,就会沿着固定不变的椭圆形轨道持续不断地绕太阳运行。每次变换轨道都导致彗星更加接近太阳,这时冰融化得更多,从而造成了彗尾延长。彗尾使得彗星的尺寸显得更大(一个典型的彗星直径约10千米)。在彗星的尾部也漂浮着一些陨石,它们最初嵌在彗星的冰层里。陨石是彗星表面气化后散布在轨道上的残留物。当它的轨道与地球的轨道相交时,我们便看到了流星雨。

不可能的三杆

许多图案和设计,一旦熟悉起来便觉得理所当然。在1958年2月的《英国心理学杂志》上,彭罗斯(Roger Penrose)发表了一幅不可能的三杆图。他称之为三维矩形构造:三个直角看似正常,但它是不可能存在于空间的。这里三个直角似乎构成一个三角形,但三角形是一个平面图形而非三维图形,所有三角形的三个角的和为

180°,而非270°。

后来彭罗斯还提出了一种扭力理论:虽说是看不见的,但彭罗斯坚信,通过扭力之间的互相作用,空间和时间是交织在一起的。

你能说出为什么海哲(Hyzer)的视错觉从数学上讲也是不可能实现的吗?

扭量

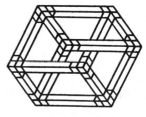

海哲的视错觉

结绳法

印加帝国的领地,是环绕库斯科城的一方地域,那里大部分属于秘鲁,还有一部分属于厄瓜多尔和智利。虽然印加人那时还没有文字记录或者用语言描述的数学记数系统,但他们用结绳的方法管理着他们长达2000英里的帝国。

结绳法是利用一种十进制的位置值系统在绳子上打结。离主绳最远的一排绳结,每个结代表1,次远的每个绳代表10,依此类推。不打结的绳子表示0。

用结的尺寸、颜色和形状记录有关庄稼产量、租税、人口等信息。例如,黄色的绳代表黄金或玉米;又如,在一套表示人口的结绳上,头一把代表男人,第二把代表女人,第三把代表小孩。记录矛、箭、弓等武器的绳结也有着类似的约定。

整个印加帝国的账目,则由一些专业的结绳记录员来做。这些人会将工作技能传授给子孙后代。在每一个管理层次都有着相应的记录员,他们各管着某个特定的范畴。

在没有文字记录的年代,结绳法也担负了记载历史的重任。这些记载历史的结绳,由一些智者记录,并世代相传。智者们把听到的故事用绳结记录下来,流传给后人。而正是这些原始的计算工具——结绳——把他们记忆里的信息留存下来,积淀成印加帝国的文明。

印加皇道,从厄瓜多尔到智利,绵延3500英里,印加帝国内的所有信息都是靠信使(专业且善跑的人)沿着皇道传递的。这些信使每人负责2英里路段。他们非

上图是秘鲁的印第安人埃阿拉（**D. Felipe Poma de Ayala**）在公元 **1583** 至 **1613** 年间画的秘鲁的结绳法。左下角有一个计算盘，先用玉米仁在计算盘上计算，而后用结绳法记录

常熟悉每一寸路面，因此他们能够以最快的速度日夜不停地传递信息，直至到达目的地。他们就是用结绳法记录信息，使得印加帝国能够及时更新信息，如人口变化、装备、庄稼、财物、可能的反叛，以及其他相关的资料。信息每24小时更新一次，而且极为精确和及时。

书法、印刷与数学

建筑学、工程学、装潢、印刷术……诸多领域都需要用到几何原理。丢勒（Al brencht Dürer）生于1471年，卒于1528年。在有生之年，他把几何知识与艺术结合在一起，创造出许多艺术形式和艺术方法。他把罗马字母的构造加以系统化，这对于保持建筑物或碑石上的较大字母的准确性和一致性，无疑是很重要的。下图显示了丢勒如何通过几何构图来书写罗马字母。

今天，计算机科学家用数学方法设计软件，再用软件绘制高质量的版式和图案。一个突出的例子是，由Adobe系统发展而来的POSTSCRIPT程序语言，它可以配套激光打印进行工作。

麦粒与棋盘

如果按下述方式在棋盘上放置麦粒,那么共需多少麦粒?

在第一个方格上放1粒麦粒,第二个方格上放2粒,第三个方格放4粒,第四个方格放8粒,依此类推,每一个方格放的麦粒数都比前一方格放的翻一倍。

 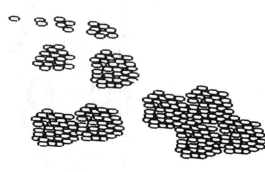

(答案见附录)

概率与 π

数学家和其他科学家总是对 π 十分感兴趣。当 π 在《星际旅行》故事中竟挫败一台魔鬼计算机时,它再度吸引了一大批新粉丝。π 拥有好几个头衔——它是圆的周长与其直径之比;它是超越数(一个无法用系数为整数的代数方程求解的数)等。

千百年来,人们总是试图把 π 算到小数点后越来越多的位数。例如,阿基米德(Archimedes)通过增加圆内接多边形边数的方法,得出 π 的值介于 $\frac{31}{7}$ 与 $\frac{310}{71}$ 之间。

在《圣经》和《编年史》中,π 的值为3。埃及数学家求出 π 的近似值为3.16。公元150年,托勒玫(Ptolemy)给出了 π 的估值为3.1416。[①]

3.141592653589793238462643
3832795028841971693993375
105820974944592307816406
2862089986280348825342117
0679821480865132823066647
0938446095505822317253594
0812848111745028410 27...

[①] 公元5世纪,中国数学家祖冲之确定了 π 的真值介于 3.141 592 6 与 3.141 592 7 之间,他还主张用 $\frac{22}{7}$ 作为 π 的粗略近似值,而用 $\frac{355}{113}$ 作为 π 的精确近似值。——译注

从理论上讲,阿基米德的近似算法可以无限地延伸下去,但随着微积分的发明,希腊人的方法便被舍弃。取而代之的是使用收敛数列、无穷乘积、连分数等来计算 π 的近似值,例如:

$$\pi = \cfrac{4}{1 + \cfrac{1^2}{2 + \cfrac{3^2}{2 + \cfrac{5^2}{2 + \cfrac{7^2}{2 + \ddots}}}}}$$

计算 π 的最为奇特的方法之一,要数 18 世纪法国的博物学家蒲丰(Count Buffon)的投针实验:在一个平面上,用直尺画一组间距为 d 的平行线;一根长度小于 d 的针,扔到画了线的平面上;如果针与线相交,则该次投掷被认为是有利的,否则便是不利的。蒲丰惊奇地发现:有利的投掷与不利的投掷次数之比,是一个包含 π 的表示式。如果针的长度等于 d,那么有利投掷的概率为 $\dfrac{2}{\pi}$。投掷次数越多,得出的 π 值越精确。

公元 1901 年,意大利数学家拉兹瑞尼(M. Lazzerini)进行了 3408 次投针,得出 π 的值为 3.141 592 9——精确到小数点后 6 位。不过,美国犹他州奥格登国立韦伯大学的巴杰(Lee Badger)曾质疑拉兹瑞尼是否真的做过投针实验。[①]

查特(R. Chartres)在 1904 年发现了另一种概率方法也可计算 π 值:两个随机数互质的概率为 $\dfrac{6}{\pi^2}$。

通过几何学、微积分、概率论等多种途径均能发现 π,这着实令人惊讶!

---

① 见"π 的错误计算与实验",作者马多克斯(John Maddox),《自然》杂志 1994 年 8 月 1 日,370 卷,第 323 页。——原注

地震与对数

用数学方式描述自然现象似乎是人类的需要。大概人们希望从中发现一些方法,以便能够作出预测,从而控制自然。

例如地震,乍看起来似乎与对数之间没有什么关联,为了测量地震强度,就必须把两者联系起来。美国地震学家里兹特(Charles F. Richter)在1935年设计了一种里氏地震分级法。它根据地震中心释放出的能量来衡量地震强度。里氏震级是释放能量的对数。里氏震级上升1级,地震强度曲线上升至10倍,而地震释放的能量大约增加至30倍。例如,一次5级地震释放的能量是一次4级地震释放能量的30倍;而一次里氏8级地震所释放的能量,差不多是一次里氏5级地震的30^3即27 000倍。

里氏震级从0到9分为10级,但从理论上讲,它并没有上限。大于4.5级的地震便会造成损害,震级大于7的地震较为强烈。如1964年的阿拉斯加地震为里氏8.4级,1906年的旧金山地震为里氏7.8级。

今天,科学家们把对地震的研究纳入了地震学和地球物理学的领域。人们发明、设计了更多的精密仪器和方法用于预报地震及为地震评级。最早的仪器之一——地震记录仪一直被使用至今。它能自动发现、测量地震或其他大地震动,并绘制出相关的图表。

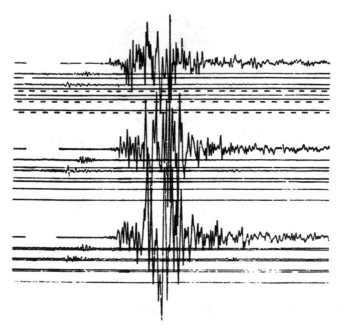

地震仪记录的地震图表

这幅图画的是世界上已知最早的地震仪,约于公元2世纪造于中国。这是一个直径约6英尺①的古铜罐,八条龙环绕着罐,它们的口中各含着铜球。如果哪里发生地震,其中一条龙口中的球便会掉落到下面一只蟾蜍的口中,接着仪器便锁住,这样一来,就指示出地震的方向

---

① 1英尺≈30.48厘米。——译注

美国国会大厦的天花板

即便是在科技发达的今天,当我们发现建造于19世纪的美国国会大厦竟然凭借巧妙的建筑设计,无需电子设备便实现窃听功能时,仍不禁为之惊叹。美国国会大厦由桑顿(William Thornton)博士设计于1792年。1814年被英军烧毁,于1819年重建。

在国会圆形大厅的南面是雕塑厅。如此命名的原因是,1864年,各个州都被要求呈上两尊本州杰出人物的塑像。直至1857年,众议院会议厅才与雕塑厅

美国国会大厦雕塑厅的穹顶

相连。在这个厅里，当时有一位叫亚当(John Quincy Adams)的议员，发现了一种奇特的声学现象：在厅一边的某些特定点，人们能够清楚地听到位于厅的另一边的人的谈话，而所有站在两者之间的人，都听不到他们的声音，其他人发出的噪声也丝毫不会影响前两者之间的声音传递。亚当的桌子正巧坐落在抛物线形穹顶的一个焦点，因此他便能很容易听到位于另一个焦点的其他国会议员的私人谈话。

抛物面的反射原理如下：

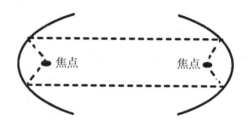

声音经抛物面(在上述情况下为穹顶)的反射，平行地抵达与之相对的抛物面，再次反射并汇聚于他的焦点。这样，源自一个焦点的声音，全部被传到了另一个焦点

探奇：

在加利福尼亚的旧金山，有一个向公众开放的回音壁。它们位于一间大房子的两头。它们的焦点有标记可以识别。两个人分别站在两个焦点上便可正常地交谈。无论房子里有多少人、多少噪声，都不会影响他们的交谈。

计算机、计数和电流

人类通过计算机语言与计算机沟通。计算机语言进而被翻译成某种数制系统,控制电脉冲让计算机工作。当人们用钢笔或铅笔计算时,十进制显得得心应手,但计算机需要的却是另外一种数制系统。如果要让计算机存储设备进行十进制运算,那么它就必须用十种不同的状态,表现十个不同的基数(0,1,2,3,4,5,6,7,8,9)。虽然从机械系统讲这是可行的,但对于电流而言,却无法直接实施。另一方面,二进制系统则完美地满足了计算机的需求。在二进制中只有两个基数0和1。这两个数很容易通过电流进行表示,可以用以下三种方式表示:

1. 电流的通和断;

2. 线圈的两个磁化方向;

3. 继电器的开和关。

在以上三种方式中,都可以取其中一种状态作为数值0,而另一种状态作为数值1。

计算机不按人们通常用的方式计数:1,2,3,4,5,6,7,8,9,10,11,12,…而是采用0,1方式计数:1,10,11,100,101,110,111,…

由此说来,计算机用电流进行控制。它的机械原理是通过电流将信息转换成我们能理解的符号,显示在显示器上。当电流通过计算机的内部时,它使得其中错综复杂的部件开或关。电流只有开和关两种状态,这就是为什么我们的计算机要使用只有0和1两个数字的二进制。

十进制与二进制的比较

当我们写一个数的时候,我们用数字0,1,2,3,4,5,6,7,8,9。这种记数法称为10进制,因为我们用10个数字构成任何数。在一个数中,处于某个位置的数字,其真正的值相当于该数字的一个10的乘方倍。当我们写数的时候,每一个数字的值,都依赖于它在数中的位置。例如:

5374并不意味着$5 + 3 + 7 + 4$,而是意味着:

5个千 + 3个百 + 7个十 + 4个一

即在数中,不同数位代表10的不同乘方:

千位 $= 1000 = 10 \times 10 \times 10 = 10^3$

百位 $= 100 = 10 \times 10 = 12^2$

十位 $= 10 = 10^1$

个位 $= 1 = 10^0$

而计算机写的数只用数字0和1。这种数字系统称为二进制,因为它只用两个数字组成数,每一个数位的值是2的乘方。右起第一位的位值是1;第二位是2;再接着是$2 \times 2 = 4$;然后是$2 \times 2 \times 2 = 8$;依此类推。

$2 \times 2 \times 2 = 8$	$2 \times 2 = 4$	2	1
2^3	2^3	2^1	2^0

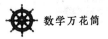

于是,数 1101 便意味着:

$1 \times 8 + 1 \times 4 + 0 \times 2 + 1 \times 1 =$ 十进制下的数 13。

占地——
一种数学游戏

占地是一种有许多可变策略的游戏。玩的人数不限。不过,刚学的时候最好先从两个人开始。游戏一般分为三个阶段:

I. 构造游戏的区域;

II. 在部分区域或全部区域填数;

III. 占领区域。

I. 每个选手轮流每次各画一个区域,以某种方式邻接在前面已经画过的区域上。每个选手要各画10个区域,像图A那样。

II. 各选手选用不同颜色的笔,然后轮流在各个区域上填写数字,直至同颜色的数总和为100。如果选手在某区域内填写的数的总和为100,那么他就能拥有这一个区域。

III. 游戏的目标:

游戏结束时,占领最多区域者胜出。至于区域内的数值则不重要。

游戏的规则:

当一个区域的邻接区域中有一个或多个区域被另一个选手占领,且后者的数值之和大于前者时,前者被占领。

一个区域一旦被占领,即失效,并且被标上占领者的记号。

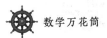

继续占领(由选手轮流做标记),直至无处可占领为止。

占地游戏有一些极为有趣的变化。玩的次数多了,你便会在构造区域、填写数字和占领区域等环节发现许多游戏策略。

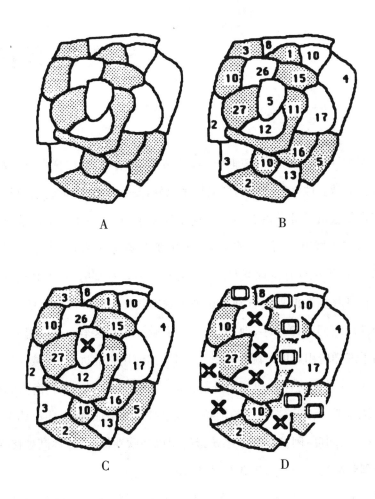

斐波那契数列

斐波那契[①](Fibonacci)是中世纪的顶尖数学家之一,他在算术、代数和几何等方面多有贡献。他生于比萨的列奥纳多家族,是一位意大利海关官员的儿子,他的父亲常年被派往北非的布日伊。由于他父亲的工作,使他得以游历了东方和阿拉伯的许多城市。而在这些地区,斐波那契熟练地掌握了印度-阿拉伯的十进制系统,该系统具有位置值并使用了零的符号。在那时,意大利仍然使用罗马数字进行计算。斐波那契看到了这种美丽的印度—阿拉伯数字的价值,并积极地提倡使用它们。1202年,他写了《算术手册》一书,这是一本广博的工具书,其中说明了怎样应用印度—阿拉伯数字,以及如何用它们进行加、减、乘、除运算和解决问题,此外还对代数和几何进行了进一步的探讨。意大利商人起初不愿意改变传统习惯,后来随着人们与阿拉伯数字接触的增加,加上斐波那契和其他数学家的推广,印度-阿拉伯数字系统最终得以在欧洲推广,并逐渐被接受。

斐波那契数列——1,1,2,3,5,8,13,21,34,…

听起来很不可思议:斐波那契在今天的名气,是缘于一个数列。而这个数列则来自他的《算术手册》中不经意提到的一个问题。他当时写这道题只是考虑作为一个智力练习,然而到了19世纪,法国数学家卢卡斯(Edouard Lucas)出版了

---

① "斐波那契"在文字上意为上流社会的儿子。——原注

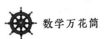

有关趣味数学的4卷书籍时,用斐波那契的名字命名该问题的答案,即斐波那契数列。

《算术手册》中引出斐波那契数列的问题是:

1. 假定一个月大小的一对兔子(一雄一雌)还太年轻,不能繁育后代,但两个月大小的兔子便足够成熟,开始繁育后代。又假定从第二个月开始,每过一个月它们都繁殖出一对新的兔子(一雄一雌)。

2. 如果每一对兔子都按上面说的同样的方式繁殖,试问,每个月月初有多少对兔子?

= 一对可以繁殖的兔子, = 一对不能繁殖的兔子

兔子的对数

$1 = F_1 =$ 第一个斐波那契数

$1 = F_2 =$ 第二个斐波那契数

$2 = F_3 =$ 第三个斐波那契数

$3 = F_4 =$ 第四个斐波那契数

$5 = F_5 =$ 第五个斐波那契数

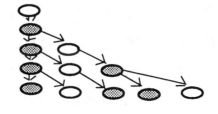

斐波那契数列的每一项,都等于它前两项的和。用公式表示为:

$$F_n = F_{n-1} + F_{n-2}$$

那时,斐波那契并没有去深入研究这种数列,从而他没有给出任何真正有意义的东西。一直到19世纪,当数学家们开始对这个数列感兴趣时,它的性质和它所触及的领域,才开始显现出来。

斐波那契数列出现在:

1. 帕斯卡三角形、二项展开式和概率;

2. 黄金比例和黄金矩形;

3. 自然和植物;

4. 趣味数学游戏;

5. 数学恒等式。

毕达哥拉斯定理
的变形

　　亚历山德里亚的帕普斯（Pappus），是公元前300年的一位希腊数学家。他证明了毕达哥拉斯定理的一个有趣变形：将毕达哥拉斯定理中论及的，位于直角边和斜边上的正方形，变形为位于直角边和斜边上的任意形状的平行四边形。

　　利用任意的直角三角形并按以下步骤构造：

　　1. 在直角三角形的两直角边上，构造任意高度的平行四边形；

　　2. 延长平行四边形的外侧边，令其相交于 P 点；

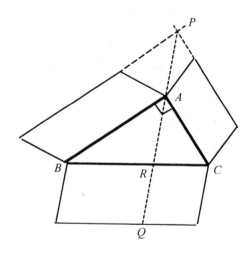

3. 画射线 PA，令射线与线段 BC 交于 R 点，取 $RQ = PA$；

4. 以斜边 BC 为一边画平行四边形，并使其另一组对边平行且等于 RQ。

帕普斯的结论：

位于斜边上平行四边形的面积，等于位于直角边上的两个平行四边形的面积之和。

三连环——
一个拓扑学模型

如果移走其中一个环,会出现什么情况?

任意两个环彼此连着吗?

三个环全都连在一起吗?

人体结构与黄金分割

达·芬奇(Leonardo da Vinci)深入研究了人体的各种比例。下面一张图画的是他对人体的详细研究。而且图中标明了黄金分割[①]的应用。这是他为数学家帕乔利(Luca Pacioli)的书《神圣的比例》所绘的插图,该书出版于1509年。

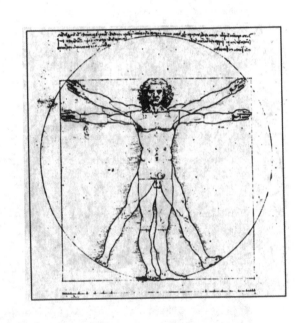

[①] 术语黄金分割有时也说成黄金均值、黄金分割比、黄金比例等。用它分割一条给定的线段时,其几何意义如下:

$$A \qquad\qquad B \qquad C$$

点 B 分割线段 AC 使得 $(AC/AB)=(AB/BC)$。可以确定,该黄金分割值为 $\frac{1}{2}(1+\sqrt{5}) \approx 1.618$。

——原注

黄金分割还出现在达·芬奇未完成的作品《圣徒杰罗姆》中。该画创作于约1483年。在作品中,人物圣徒杰罗姆(St. Jerome)可完美地框入一个黄金矩形内,如图所示。人们认为这应当不是巧合,而是达·芬奇有目的地使画像与黄金分割相一致。因为在达·芬奇的许多作品和创意中,处处表现出他对数学的强烈兴趣。达·芬奇说过:"……只有借助了数学,人类的探究和诠释才叫科学。"

《圣徒杰罗姆》达·芬奇(约1483年)

悬链线与抛物线

  一根自由悬挂着的链子,形成了一条名为悬链线的曲线。[1]该曲线看起来很像一条抛物线,以至于伽利略(Galileo)最初竟误以为它就是一条抛物线。

  在悬链线等间隔地系挂重物后,悬链就变成抛物线形状。这类似于旧金山市的金门湾悬索桥。当悬缆上安装了一根根垂直的吊柱时,便形成了抛物线。

  旧金山探索博物馆展出了许多悬链线形拱门。

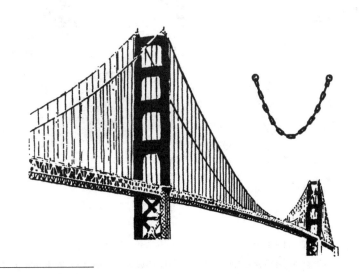

---

 ① 悬链线的方程为:$y = a\cosh\dfrac{x}{a}$,这里 x 轴为准线。——原注

T 问题

一个古老却使人备受挫折的难题是：如何将右图四块板拼合成一个 T 字形？[①]祝你好运！

（答案见附录）

泰勒斯与大金字塔

泰勒斯(Thales)是古希腊著名的七位智者之一。他最早将几何研究引进希腊,人们称之为演绎推理之父。他既是数学家,又是教师、哲学家、天文学家、精明的商人,而且是第一个采用逐步推导的办法来证明自己结论的几何学家。

公元前585年,泰勒斯正确地预言了日食。他还用射影和相似三角形原理来计算大金字塔的高度,这令埃及人惊叹不已!

计算步骤:

下图显示了金字塔所投下的影子,DC 是已知竿的长度,它垂直地立于影子的尖端 C。竿的影子的长度 CE 可以测出。AF 是金字塔边长的 $\frac{1}{2}$。现在,金字

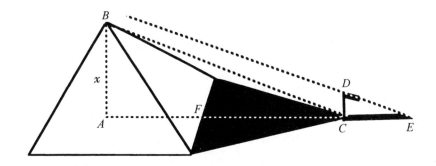

塔的高度 x，可以很容易通过相似三角形 $\triangle ABC$ 与 $\triangle CDE$ 计算出来。

于是
$$\frac{x}{CD} = \frac{AC}{CE}$$

$$x = \frac{CD \cdot AC}{CE}。$$

无穷旅店

入职无穷旅店①的条件之一,就是能够运用无穷性的知识。保罗的求职申请被接受,并定于次日傍晚开始工作。

保罗感到奇怪,为什么旅店老板要求所有职员都要知道有关无穷、无限集合及超限数等内容。他猜测该旅社有非常多的房间,那么给客人安排房间就不会有问题。在工作岗位上度过第一夜后,他为自己学过无穷性的知识而感到庆幸。

当保罗换下日班职员时,那位女职员告诉他,有无数个房间被入住了。女职员走后,进来了一个手持预订单的新的客人。保罗必须为客人分配房间。他想了一会儿,然后便叫每一个房间的旅客搬到房号比原先高一号的房间去。这样,

---

① 无穷旅店的设想,最初由德国数学家希尔伯特提出。——原注

第一间房终于被腾了出来,新客人就被安排在1号房里。保罗对自己的解决方案颇感满意,不料,此时一辆载有无数个新客人的"无限汽车"开来。试问,保罗该怎样给他们安排房间呢?

(答案见附录)

晶体——自然界的多面体

从古至今,多面体频频出现在数学史料中,然而,它们的起源却是那样地古老,几乎与自然界的起源同步。

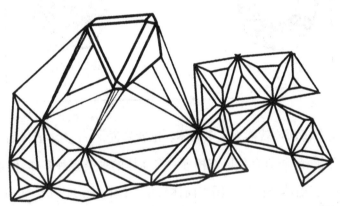

晶体常常生长成多面体形状。例如,氯酸钠的晶体为立方体和四面体的形状;铬矾晶体有着八面体的形状。令人不可思议的是,在一种海洋微生物放射虫的骨骼中,居然也出现十面体和二十面体的晶格结构。

多面体就是每个面都呈多边形的固体物质。如果多面体的所有面都相同,而且所有的角也都

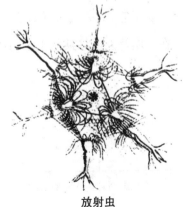

放射虫

043

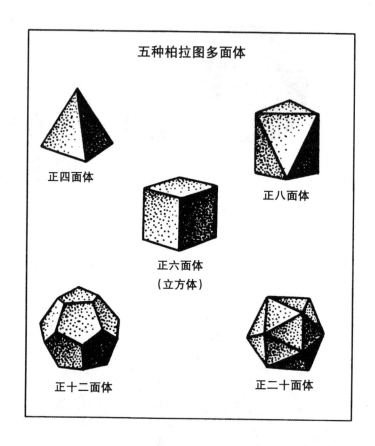

相等,那么这个多面体就称为正多面体。也就是说,一个正多面体的所有面都一样,所有边都相等,而所有角也都相等。多面体的种类多种多样,但正多面体却只有5种。正多面体也称柏拉图多面体[①],柏拉图(Plato)约于公元前400年独立发现了它,后人为此予以命名。然而在此之前,学者们就已发现正多面体的存在。埃及人还将某些正多面体用在蔚为壮观的建筑和其他物件中。

---

① 见"五种柏拉图多面体"一节。——原注

帕斯卡三角形与斐波那契数列

　　帕斯卡（Blaise Pascal）是法国著名的数学家。要不是由于宗教信仰、瘦弱的体质，以及无意单单为数学课题而耗尽全部精力，他本来可以成为一名伟大的数学家。帕斯卡的父亲不希望自己的孩子像他自己那样痴迷数学[①]，而希望帕斯卡能在更多元的教育背景下发展，所以起初不鼓励他学习数学，为的是让他能够发展一些其他方面的兴趣。不料帕斯卡在12岁小小年纪，便显露出几何方面的天赋，他对数学的热爱因此也受到了鼓励。他才华横溢，16岁时便写下了一篇关于圆锥曲线的论文，这使当时的数学家们倍感惊奇。在文章中帕斯卡提出了后来人所共知的帕斯卡定理：一条圆锥曲线的内接六边形的三组对边的交点共线。18岁时，帕斯卡发明了第一台计算机，但就在这个时候，他遭受到病魔的侵扰。为此，他向上帝许愿，将停止自己的数学工作。但三年后，他写下了论述帕斯卡三角形及其性质的著作。1654年11月23日夜，帕斯卡参加了一场宗教仪式，这促使他投身于神学，并放弃数学和科学。此后，除一段短暂的时期（1658—1659）外，帕斯卡不再从事数学研究。

　　数学可以把一些表面上毫无相关的内容联系起来。斐波那契数列、牛顿二项展开式和帕斯卡三角形就是典型的例子。这三者彼此相互联系。它们之间的

---

① 帕斯卡的父亲在数学界也颇具影响力。事实上，帕斯卡蜗线与其说是用儿子的名字还不如说用父亲的名字更为确切。——原注

关系如下图所示:沿着帕斯卡三角形斜向点划线的数累加,便产生斐波那契数列;帕斯卡三角形的每一行,则代表二项式$(a+b)$某个特定乘方展开式的系数。

例如:

$(a+b)^0 = 1$ 1

$(a+b)^1 = 1a + 1b$ 1   1

$(a+b)^2 = 1a^2 + 2ab + 1b^2$ 1   2   1

$(a+b)^3 = 1a^3 + 3a^2b + 3ab^2 + 1b^3$ 1   3   3   1

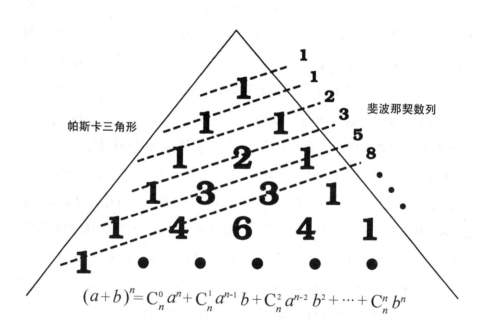

$$(a+b)^n = C_n^0 a^n + C_n^1 a^{n-1} b + C_n^2 a^{n-2} b^2 + \cdots + C_n^n b^n$$

牛顿二项展开式

台球桌的数学原理

谁能相信,数学知识竟有助于人们玩台球游戏?

假如一张台球桌的长宽比为整数比,例如7:5,一个球从一个角落以45°角击出,在桌子边沿回弹若干次后,最终必将落入角落的一个球囊。事实上,回弹的次数跟台球桌长与宽的最简整数比$m:n$有关。到达一个角落前的回弹次数,可由以下公式给出:

$$(m + n - 2)^{①}$$

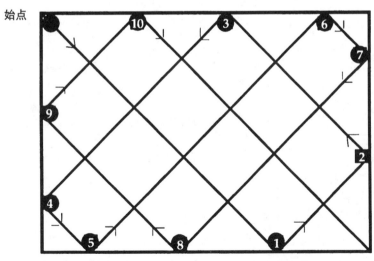

始点

终止球囊
(第10次回弹后)

---

① 原著中"长度 + 宽度 – 2"的公式有误,应改为长与宽最简整数比的份额,即m和n。这里已予以改正。——译注

上述台球桌回弹的总数为10。

$$7 + 5 - 2 = 10(次)$$

注意球的路径所形成的等腰直角三角形。

电子轨道的几何学

　　各种各样的几何形状,出现在物质世界的各个方面。其中有许多是肉眼看不见的。以下特殊的电子轨道所呈现的五边形,便是一个例证。

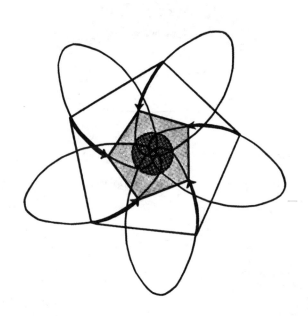

默比乌斯带与
克莱因瓶

拓扑学专家创造出了许许多多迷人的东西。德国数学家默比乌斯（Augustus Moebius）所创造的默比乌斯带，便是其中之一。

上图所示的带子是由一张纸条的两端粘接而成。纸的一面称为带的内侧，而纸的另一面则称为带的外侧。如果一只蜘蛛想沿着纸带从外侧爬到内侧，那么它非得设法跨越带的边缘不可。

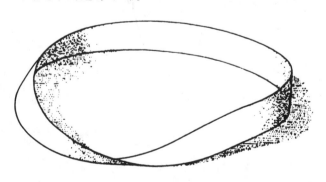

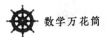

默比乌斯带也是由一张纸条两端粘接而成,不过,在粘接前扭转了一下。现在,所得的纸带已不再具有两面,它只有单面。设想一只蜘蛛沿着默比乌斯带爬,那么它能够爬遍整条带子而无须跨越带的边缘。要证实这一点,只要拿一支铅笔,笔不离纸连续地画线。那么,笔尖将会经过整条带子,并返回原先的起点。

默比乌斯带的另一个有趣的性质,只要你沿着如下图所示的带子中央的虚线剪开便会发现。请你不妨试试,看看究竟会发生些什么!

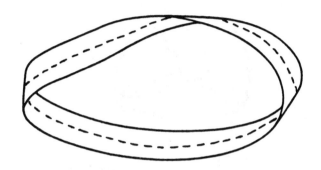

默比乌斯带作为汽车的风扇皮带或机械的传动带,在工业上有着特殊的重要性。它比传统的传动带磨损得更加均匀。

克莱因瓶也像默比乌斯带那样令人称奇。克莱因(Felix Klein)是一位德国数学家。他设计了一种拓扑模型——一种只有单个面的特殊瓶子。克莱因瓶只有外部而无内部。它穿过其自身。如果往里头注水,那么水将从同一个洞口溢出。

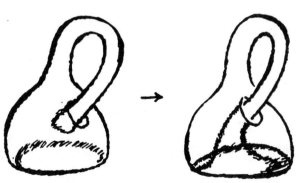

默比乌斯带和克莱因瓶之间的关系很有意思。如果把克莱因瓶沿着对称线切成两半,那么你将得到两条默比乌斯带!

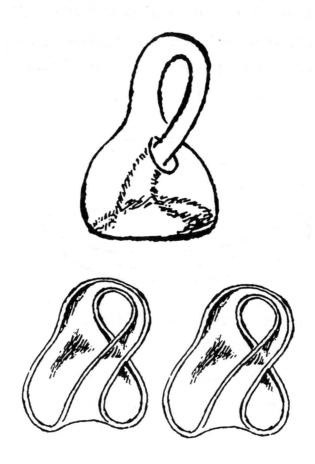

劳埃德的谜题

这一谜题是由著名的谜题专家劳埃德(Sam Loyd)提出的。目标是寻找一条走出下图所示的钻石盘的路线。从中心开始,那里有一个⑨符号。该符号表示你必须从这个数起,往左、右、上、下,或对角方向移动三个方格①。当你这样做之后,你所停留的位置上所写的数将告诉你下一步应当移动多少方格(同样可往八个可能的方向移动)。

祝你好运!

(答案见附录)

---

① 这里往八个方向中的哪个方向移动可悉听尊便,但移动的步数要跟格子上的数字相符。游戏目标所要求的"走出钻石盘"是指最后一步恰能位于盘外。这个游戏有一定难度,读者试一试就会明白。——译注

数学与折纸

大多数人都有过折纸的经历,只是折叠后便收了起来。只有少数人折纸,是为了研究其间所揭示的数学思想。折纸是一项教育与娱乐两者兼备的活动。连《爱丽丝漫游奇境记》的作者卡罗尔(Lewis Carroll)也是一位折纸爱好者。虽然折纸文化超越国界,但唯有日本人把它发展和推广,成为一门技艺,名为折纸手工。

折纸的数学原理

在折叠纸张的时候,很自然地会出现许多几何概念。例如:正方形、矩形、直角三角形、全等、对角线、中点、内接、面积、梯形、垂直平分线、毕达哥拉斯定理及其他一些几何和代数概念。

下面是一些折纸的例子,它们诠释了上述概念的运用。

1. 由一张矩形的纸,裁出一个正方形(下图左)。

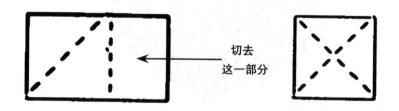

切去
这一部分

2. 由一张正方形的纸,折出4个全等的直角三角形(上图右)。

3. 找出正方形一条边的中点(下图左)。

4. 在正方形的纸中内接一个正方形(下图中和右)。

5. 研究纸的折痕,注意内接正方形的面积是大正方形面积的1/2。

  或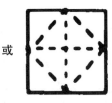

6. 折叠一张正方形纸,使折痕过正方形中心,便会构成两个全等的梯形(下图左)。

7. 把一个正方形对折,那么折痕便是正方形边的垂直平分线(下图右)。

8. 证明毕达哥拉斯定理。

如右图折叠正方形纸:

c^2 = 正方形 $ABCD$ 的面积。

a^2 = 正方形 $FBIM$ 的面积。

b^2 = 正方形 $AFNO$ 的面积。

由全等形状相配得:

正方形 $FBIM$ 的面积 = △ABK 的面积。

又 $AFNO$ 的面积=$BCDAK$ 的面积(此即正方形 $ABCD$ 除 △ABK 外剩余部分的面积)。

这样,$a^2 + b^2 = c^2$。

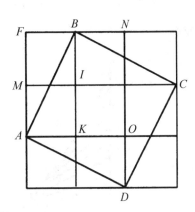

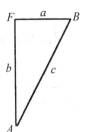

9. 证明三角形内角和等于180°。

取任意形状的三角形,并沿图示的虚线(即中位线)折叠。

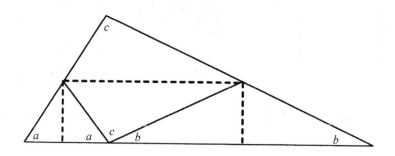

∠a + ∠b + ∠c = 180°——它们形成一条直线。

10. 通过折切线构造抛物线。

步骤:

在离纸张一边大约几英寸①的地方,选定抛物线的焦点。依下图所示的方法,将纸折20—30次。这些折痕便是抛物线的切线,它们共同勾画出抛物线的轮廓。

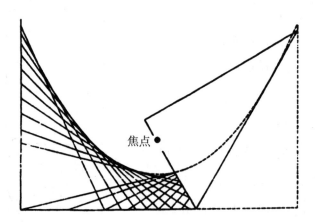

焦点●

————————————

① 1英寸≈2.54厘米。——译注

斐波那契的秘诀

在斐波那契数列中,每一项都由前两项的和产生。[1]任何按上述方法产生的数列,我们称之为类斐波那契数列。

任选两个数,并产生一个类斐波那契数列,使它以你所选的两个数为起始。在你的数列中,前10个数的和,必然等于第7项的11倍。

> 1, 1, 2, 3, 5, 8, 13, 21,
> 34, 55, 89, 144, 233, 377,
> 610, 987, 1597, 2584, 4181,
> 6765, 10 946, 17 711, 28 657,
> 46 368, 75 025, 121 393,
> 196 418, 317 811, 514 229, …

你能证明上述结论对任意两个起始数都成立吗?

(答案见附录)

---

[1] 更多的信息可见"斐波那契数列"一节。——原注

数学符号的演化

从早期巴比伦泥板上的楔形文字,可以发现,那时人们把空位充当零。数学家们设计出各种表达概念和运算的符号,这是为了简洁,当然也为了节约时间、空间和精力。

在15世纪,人们最先使用的加和减符号分别是p和m。同时期的德国商人则用"+"和"-"的符号,表示重量的增加和差缺。很快,这些"+""-"符号便为数学家们所采用。1481年之后,这些符号开始广泛出现在人们的手稿上。

乘的符号"×"要归功于奥托(William Oughtred),但当时遭到了一些数学家的反对。后者认为,这个符号会跟字母X产生混淆。

可以说,对于同一个概念,有多少数学家就会有多少种标记符号。例如,在16世纪,韦达(Francois Vieta)先是用单词"aequalis",而后又用符号"~"表示"相等"。笛卡儿(Descartes)则倾向于用"∝"这一符号。而雷科德(Robert Recorde)于1557年使用的符号"=",则最终被人们普遍采用。雷科德认为,两条等长的平行线最相像,最能代表相等。

虽然用字母代替未知量,早年古希腊的数学家欧几里得(Euclid)和亚里士多德就曾使用过,但一直没有得到推广。在16世纪,像radix(拉丁语"根"),res(拉丁语"东西"),cosa(意大利语"东西"),coss(德语"东西")这类的词,都曾被用于表示未知数。在1584—1589年,律师韦达就职于布列塔尼议会,并深入研读

这个符号最早由意大利数学家斐波那契在1220年首先使用，它表示 √ 很可能是出自拉丁词 radix，意即根。今天我们所用的符号 √ 是来自16世纪德国。

德国数学家鲁道夫（Christoff Ruddolff）在1525年用它作为立方根的符号，∛ 则来自17世纪的法国。

17世纪德国数学家莱布尼茨（Leibniz）选择它作为乘法的符号。

这个倒反的D字是用于表示除法，它是由法国人伽利玛（J.E. Gallimard）于18世纪初使用。

1859年，哈佛大学教授佩尔斯（Benjamin Peirce）用这个符号表示π。而π这个符号最早出现在18世纪的英格兰。

这个符号由文艺复兴时期的意大利数学家塔塔尼亚（Tartaglia）用作为加法符号。它是由意大利单词 piu（添加）而来。

古希腊数学家丢番图（Diophantus）用这个符号表示减法。

了许多数学家的著作。他提出用字母表示正的已知量或未知量。笛卡儿改进了他的想法，并建议用字母表开头的几个字母作为已知量，而最后的几个字母作为未知量。最后，在1657年，伍德（John Hudde）则使用字母同时代表正数和负数。

∞曾被罗马人用来表示1000，后来又用于表示某个非常大的数。1665年，牛津大学教授沃利斯（John Wallis）首次用这个符号表示无穷，但该符号直至1713年被伯努利（Bernoulli）使用之后，才被广为采纳。

此外,还有许多其他符号陆续出现,如:括号出现于1544年;中括号[ ]和大括号{ }出现于1593年。根号则是由笛卡儿所设计(他用$\sqrt{c}$表示立方根)。

很难想象如果不借助"+""0"以及其他人们习以为常、用惯了的符号,那么数学问题的研究该如何进行。令人不可思议的是,这些符号经历了几个世纪的变迁才被广为接受。

数学符号和用语的过去和现在比较表

	过去	现在
	℞	$\sqrt{}$
	p	+
	m	-
	v	写在根号的下面
卡丹(Cardan)	℞.v.7.p:℞.14	$\sqrt{7}+\sqrt{14}$
舒开(Chuquet)	$12^3 +12^0 +7^{1m}$	$12x^3+12+7x^{-1}$
邦贝利(Bornbelli)	③	x^3
斯泰芬(Stevin)	1⓪+3①+ 6②+ ③	$1+3x+6x^2+x^3$
	①/2	$\sqrt{}$
	①/3	$\sqrt[3]{}$
笛卡儿	$1+3x+6xx+x^3$	$1+3x+6x^2+x^3$

达·芬奇的几何设计

这是达·芬奇的手稿,表明他在一个教堂的设计中运用了正多边形。达·芬奇对几何结构的兴趣和研究,以及他所掌握的对称知识,成为他创造和设计建筑物的基石。在大教堂边增添一个小礼拜堂,并没有破坏原本的设计以及主建筑物的对称性。

拿破仑定理

"数学的发展和至善与国家的繁荣昌盛密切相关。"

——拿破仑一世

拿破仑·波拿巴（Napoleon Bonaparte）对数学和数学家怀有特别的敬意，他自己也很喜欢这门学科。事实上，以下定理就是他提出的。

以任意三角形的三条边为边，向外构造三个等边三角形，则这三个等边三角形的外接圆中心恰为另一个等边三角形的顶点。

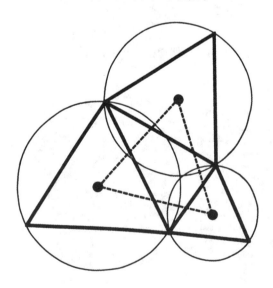

数学家卡罗尔

道奇森（Charles Lutwidge Dodgson）是一位英国数学家和逻辑学家，但他的笔名卡罗尔及其名下作品《爱丽丝漫游奇境记》和《爱丽丝镜中奇遇记》比其本人更加有名气。此外，他还出版了许多涉及多个数学领域的书籍。他的著作《枕边问题》中的72道题，几乎全是在夜里躺在床上写下并解出的，其内容涉及算术、代数、几何、三角、解析几何、微积分和超越概率。

《一个迷惘的故事》最初刊印在一本月刊杂志上，而后被编辑成令人喜爱的数学谜题故事，共含10章。据说当初维多利亚女王非常喜爱卡罗尔写的爱丽丝系列著作，还专门派人去取他所写的每一本书。可想而知，当女王收到一大堆数学书时是何等惊讶！

"相反，"忒德勒迪继续说道，"如果它原本如此，那么它就可能是如此；如果它本该如此，那么它就会如此；但是既然它现在不是如此，那它原来就不如此。这就是逻辑。"

——卡罗尔

《枕边问题》之八

"一些人围坐成一圈,于是每个人便有两个相邻的人;而每人身上有一定数目的先令。第一个人比第二个人多1先令,第二个人又比第三个人多1先令,如此类推。现第一个人给第二个人1先令,第二个人给第三个人2先令,如此类推,总之每个人给出的先令数都比他收到的先令数多1,并且尽可能延续下去。最后,有两个相邻的人,其中一人拥有的先令数是另一个先令数的4倍。试问,总共有多少个人?最后那个人初始时身上有多少先令?"

(答案见附录)

下图是卡罗尔在20多岁时画的迷宫。他把迷宫的通道画得纵横交错。目的是要让人找出一条走出迷宫中心的通路。

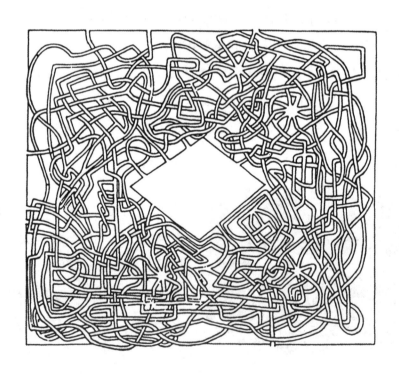

手指计数

在中世纪,纸作为书写材料价格较为昂贵,那时人们经常用手指计数或者交流计算结果。如下图所示,无论大数还是小数,都可以用手指计数的方法表达出来。

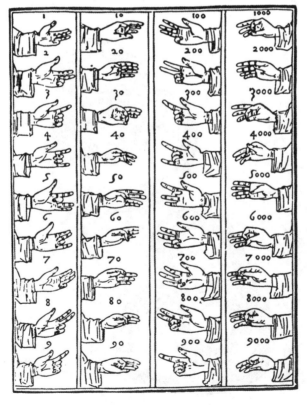

扭曲的默比乌斯带

下图是关于默比乌斯带的运用。如果你用纸张折成图中的拓扑构造,并沿着图中的虚线把它们剪开,那么其中一片将变成一个正方形,而另一片则形成两个相互套着的环。

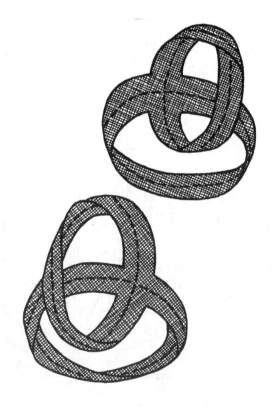

海伦公式

许多人都知道,利用三角形的底和高可以计算出该三角形的面积。如果没有海伦公式,只知道三角形三条边的长度而要求其面积,就需要用到三角函数的知识。

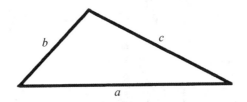

数学家海伦(Heron)因以下公式而在数学史上留名:

$$三角形面积 = \sqrt{s(s-a)(s-b)(s-c)}$$

这里,a、b 和 c 是三角形三边的长度,而 s 是三角形三边长度和的一半。

海伦公式的出现要早于阿基米德,后者或许证明了它,不过目前所知的最早的文字记载是海伦的著作《度量论》。海伦被誉为非传统流派的数学家。他更注重数学的实用性,而不是理论,也不把数学当成科学或艺术。结果,他发明了蒸汽机原型、各种各样的玩具、能喷水的消防车、祭坛自动点火装置、风力机械,以及许多基于流体性质和简单机械原理的机械,从而为世人所知。

哥特式建筑与几何学

这张珍贵的哥特式设计草图体现了几何学和对称性在米兰教堂的穹顶中的应用。该草图发表于1521年,由米兰教堂穹顶设计师卡沙里洛(Caesar Caesaria-no)设计。

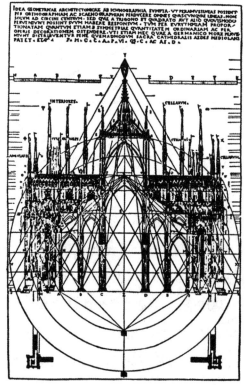

纳皮尔骨算筹

复杂的数字和运算变得越来越乏味,特别是科学家们进行的天文计算,海员们在航海时所要解决的实际问题,以及商人们对账目的管理等。后来,在17世纪,著名的苏格兰数学家纳皮尔(Napier)发明了对数,从而引发了一场数学运算变革(对数是利用指数,把复杂的乘法和除法运算变换为加法和减法运算)[①]。纳皮尔用对数和对数表来简化复杂运算,包括乘、除、乘方、开方等。

虽然对数和指数函数的理论是数学的重要部分,然而随着现代电子计算器和计算机的发展,对数表和计算尺一样被弃用了。尽管如此,对数表及其快捷的计算法,曾持续长达几个世纪为数学家、会计师、航海家、天文学家和科学家所广泛应用。

利用对数,纳皮尔还发明了一种算筹,称为纳皮尔骨算筹,它可以帮助商人算账。商人们带上一套象牙或木制的算筹,就可以进行乘、除、求平方根和求立方根等运算。每根算筹都是其顶部数字的乘法表。例如要算298×7,先将2,9,8三根算筹依次摆成一排,然后从上往下数到第7行。再将该行的两组数按照图中的方法相加,所得的和即为所求的积。

---

① 例如,要计算3600/0.072,首先用对数表把这些数变换为指数形式,即把要运算的数写为同底的指数形式,这样便把除法简化为指数间的减法。也就是只要把3600与0.072两数变换成的对数的指数相减,再用对数表把结果变换回十进制数即可。——原注

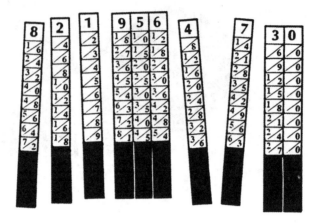

2	9	8
⁄4	1⁄8	1⁄6
⁄6	2⁄7	2⁄4
⁄8	3⁄6	3⁄2
1⁄0	4⁄5	4⁄0
1⁄2	5⁄4	4⁄8
1⁄4	6⁄3	5⁄6
1⁄6	7⁄2	6⁄4
1⁄8	8⁄1	7⁄2

$$
\begin{array}{r} 298 \\ \times 7 \\ \hline 2086 \end{array}
\qquad
\begin{array}{r} 165 \\ + 436 \\ \hline 2086 \end{array}
$$

艺术与射影几何

　　许多世纪以来，数学总是有意识或无意识地影响着艺术和艺术家。射影几何、黄金分割、比例、比、视错觉、对称、几何形状、图案和花样、极限和无穷以及计算机科学等，这些都是数学范畴，然而它们却影响着艺术的各个方面各个时期，无论是早期艺术、古典艺术、文艺复兴时期的艺术、近代艺术，还是流行艺术或艺术装饰。

　　当油画家要在二维的画布上画出三维立体的场景时，他必须确定当眼睛从

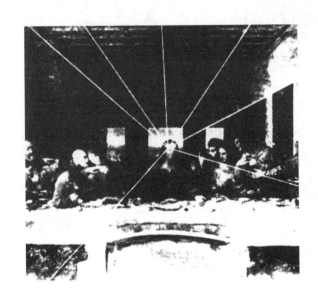

图中添加的线显示出达·芬奇在他的杰作《最后的晚餐》中运用了射影几何的原理

不同的距离和角度观察时,物体的形象会产生怎样的变化。由此发展出的射影几何学在文艺复兴时期的艺术作品中发挥了重要作用。射影几何学是数学的一个领域,研究射影对象的性质和空间关系——也就是研究透视问题。为了创作具有立体感的写实油画,文艺复兴时期的艺术家们运用了新建立的射影几何概念——射影点、平行会聚线、消失点,等等。

　　射影几何是最早的非欧几何之一。艺术家们希望描绘现实,他们推断,假如人们透过窗户去观察一个景观,并且眼睛保持在一个焦点上,这时视点集中,外面的景观似乎是投射到窗户上而被看到,这样窗户便可以充当画布。人们发明了各种各样的仪器,帮助艺术家们将窗内的景色移到画布上。下图所示的是丢勒在木刻中呈现的两种射影仪器。请注意,艺术家的眼睛处在一个固定的点。

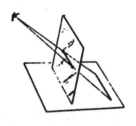

无穷与圆

　　每个圆都有一个固定的周长——一个有限的长度。推导圆周长公式的方法之一就是利用无穷的概念。研究圆内接正多边形(所有的边长都相等,所有的内角也都相等的多边形)的周长序列。通过计算我们发现,多边形边数越多,周长就越接近圆的周长。事实上,当正多边形的边数趋于无限时,其周长的极限便是圆的周长。由下图可知,多边形的边数越大,它的边就越贴近于圆周,而多边形也就越形似圆。

圆的周长是它的内接正 n 边形的周长当 $n \to \infty$ 时的极限

令人惊奇的跑道

如下图,两个任意大小的同心圆组成一个圆环跑道。在大圆内任意画一条与小圆相切的弦。你能证明以这条弦为直径的圆的面积等于跑道面积吗?

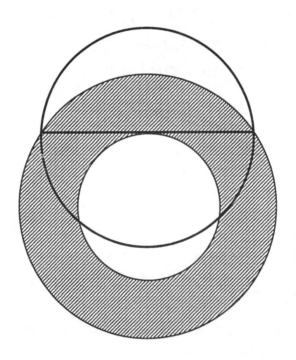

(答案见附录)

波斯人的马与
劳埃德谜题

这是17世纪波斯人画的精巧的"四马"图。你能找出图中的四匹马吗?

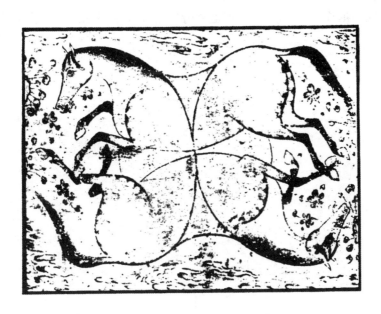

(答案见附录)

或许是受到这幅画的启发,谜题大师劳埃德于1858年创作出了谜题"骑士和驴子",当时劳埃德还是个十几岁的少年。原题表述如下:

沿着虚线把图切割为三个矩形,重新摆放这些矩形但不允许折叠它们,要求构造出两个骑士骑着两头驴子飞奔的画面。

该谜题一炮而红。事实上有报道称劳埃德在几个星期内便凭借此题赚了10 000美元,可见它有多受欢迎。

(答案见附录)

弓 形

弓形的英文 lune 源于拉丁词 lunar（月亮）。弓形是由两个不同的圆弧合围而成的平面区域（见图中状如蛾眉的部分）。希俄斯岛的希波克拉底（Hippocrates）——请不要将他与科斯岛的那位同名的医生，《希波克拉底誓约》的作者相混淆——对弓形进行了深入研究。他大概相信这种图形可以用来解决化圆为方问题[1]。

他发现并证得：

在内接于一个半圆的三角形的边上，如图作两个弓形，则两弓形的面积和等于三角形的面积。

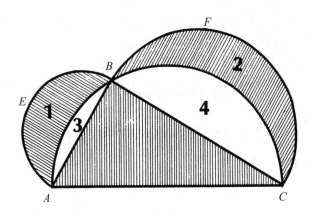

---

① 见"三大不可能的作图问题"一节。——原注

即：

若 $\overset{\frown}{ABC}, \overset{\frown}{AEB}, \overset{\frown}{BFC}$ 是半圆，

则弓形(1)面积+弓形(2)面积=三角形 ABC 面积。

证　　明

$$\frac{半\odot\overset{\frown}{AEB}面积}{半\odot\overset{\frown}{ABC}面积} = \frac{\frac{1}{8}\pi AB^2}{\frac{1}{8}\pi AC^2} = \frac{AB^2}{AC^2}$$

半$\odot\overset{\frown}{AEB}$面积 $=$ 半$\odot\overset{\frown}{ABC}$面积$\cdot\dfrac{AB^2}{AC^2}$ ①

类似地

半$\odot\overset{\frown}{BFC}$面积 $=$ 半$\odot\overset{\frown}{ABC}$面积$\cdot\dfrac{BC^2}{AC^2}$ ②

现将①，②两式相加并提取因式得：

半$\odot\overset{\frown}{AEB}$面积 $+$ 半$\odot\overset{\frown}{BFC}$面积 $=$ 半$\odot\overset{\frown}{ABC}$面积$\cdot\dfrac{(AB^2+BC^2)}{AC^2}$ ③

$\triangle ABC$ 是一个直角三角形(因为它内接于半$\odot$)，

这样 $AB^2+BC^2=AC^2$(毕达哥拉斯定理)

将它代入③得：

半$\odot\overset{\frown}{AEB}$面积 $+$ 半$\odot\overset{\frown}{BFC}$面积 $=$ 半$\odot\overset{\frown}{ABC}$面积

左右两式均减去公共部分面积(3)和面积(4)，

最终得   弓形(1)面积 $+$ 弓形(2)面积 $= \triangle ABC$面积

尽管希波克拉底未能如愿解决化圆为方问题,然而这些探索却令他发现了许多新的重要的数学思路。

自然界中的六边形

在自然界,很多东西可作为美丽的数学范本,展示如正方形、圆之类的数学概念。正六边形也是存在于自然界的几何图形之一。六边形具有六条边。如果它所有的边都相等,所有的内角也相等,那么这样的六边形便是正六边形。

数学家已经证明,只有正六边形、正方形和等边三角形三种正多边形能够镶嵌平面而不留下任何空隙。

在上述三者中,在它们面积相等情况下,正六边形的周长最小。这意味着,蜜蜂把蜂巢建成正六边形,就可以用较少蜂蜡和较少的工作量完成相同面积的

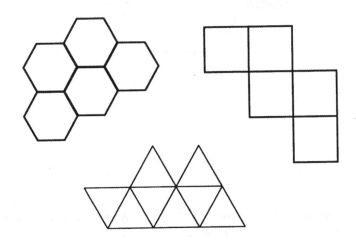

蜂巢建设。六边形不仅出现在蜂巢中,还常见于雪花、分子、晶体、海洋生物等各种物体中。

如果你在纷飞的雪花中漫步,那么你便置身于各种奇异的几何形状之中。雪花是自然界中最有趣的六边形对称案例。仔细观察每片雪花,你就可以看到许多六边形结构。六边形图案有无数种组合方式,难怪俗话说:世界上没有两片雪花是相同的。①

---

① 就职于科罗拉多州博尔德市的美国国家大气研究中心的奈特(Nancy C. Knight)最早发现了一组相同的雪花。它们是在1986年11月1日被采集到的。——原注

$$10^{100} \text{ 与 } 10^{10^{100}}$$

英语中有个表示大数的新词叫 googol，1 个 googol 是 1 后面跟 100 个 0，即 10^{100}。googol 这个单词是数学科普作家卡斯纳博士的 9 岁外甥创造出来的。他的外甥还命名了另一个比 googol 更大的数，叫 googolplex。他把这个数描述为 1 后面跟许多 0，0 的个数则是尽你所能写到手累为止。数学上对 googolplex 的定义是 1 后面跟有 1 googol 个 0，即 $10^{\text{googol}}=10^{10^{100}}$。

**10 000 000 000 000 000
000 000 000 000 000 000
000 000 000 000 000 000
000 000 000 000 000 000
000 000 000 000 000 000
000 000 000 000**

大数的使用:

1. 如果整个宇宙充满了电子和质子而没有留下任何空隙,那么这些粒子的总数为 10^{110}。这个数大于 1googol 却远小于 googolplex。

2. 科尼岛上的沙粒数大约为 10^{20}。

3. 从 1456 年古登堡(Gutenberg)印刷第一部《圣经》开始,到 20 世纪 40 年代为止,全世界所有印刷品上的单词总数约为 10^{16}。

幻立方

这是由头27个正整数组成的$3 \times 3 \times 3$的幻立方,它的每一行或每一列的三个数的和均为42。[①]

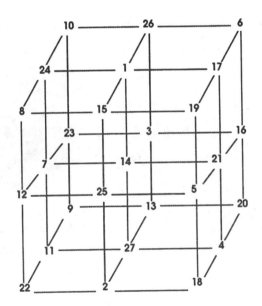

分形——
真实还是想象？

几个世纪以来，人们总是用欧几里得几何的图形和概念（如点、线、平面、空间、正方形、圆……）来描述我们所在的这个世界。而非欧几何的探索，引入了一些新的东西来描述宇宙现象，分形就是其中之一，如今人们正尝试用这种图形描述自然界的物体和现象。

分形的思想初见于 1875 至 1925 年的数学专著。它们一度被贴上"畸形怪物"的标签，被认为没有丝毫科学价值。1975 年，在该领域有着精深造诣的芒德布罗（Benoit Mandelbrot）为其命名为分形。如今，分形的概念广为人知。

雪花曲线[①]**是一个分形的例子，它是在现有等边三角形的边上接上等边三角形而形成的**

从严格意义上讲，分形图案被放大后，不会失真，所有细节全都保留，其结构仍与原先的一样。相反，圆局部被放大后形状会变得比较平直。分形可分为两类：一是几何分形，它不断地重复同一种花样图案；另一种是随机分形。计算机和计算机绘图能够在显示屏上快速生成分

[①] 更多的信息见"雪花曲线"一节。——原注

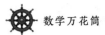

形图案，从而让这些"畸形怪物"现形，并展示出各种奇特的形状、富含艺术气息图案或微妙的景致。

过去人们一直以为，只有欧几里得几何的规则形状才对科学有用，然而有了这些新的构型，我们便可以从不同的角度认识自然。分形是一个新的数学领域，有时被称为自然界的几何，因为这些奇异而无序的形状，不仅可以描绘诸如地震、树、树皮、姜块、海岸线等自然现象，而且在宇宙学、经济学、气象学、影视技术等方面也有广泛应用。

皮亚诺曲线也是一种分形，它还是一条充满空间的曲线。这种曲线可以经过某个区域内的每一个点，随着曲线逐渐延伸，该区域逐渐变黑。上图为空间被部分填充

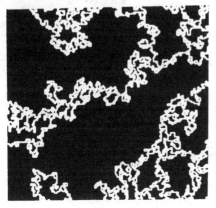

一个随机分形

塞沙洛曲线——一种分形

纳秒——用计算机 测量时间

一个电脉冲在十亿分之一秒里行进了8英寸。光在十亿分之一秒里能传播1英尺。十亿分之一秒被称为1纳秒。今天,计算机每秒钟能运算百万次。让我们感受一下一台大型计算机能够以多快的速度进行工作,给它半秒的时间。在半秒的时间内计算机能够执行以下任务:

1. 将200张支票登记到300个不同的银行账户下;

2. 检查100个病人的心电图;

3. 对3000张试卷的150 000个答案计分,并评价每个问题的有效性;

4. 为一个公司的1000名雇员计算工资;

5. 还有多余的时间可做其他工作。

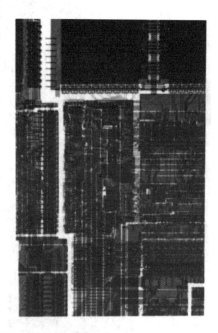

我们难以想象,如果计算机由光驱动,而不是由电驱动,那么它会有多快? 在光控计算机中,需要采用什么样的数制系统? 是否要基于光谱中颜色的数目? 抑或基于光的其他性质?

达·芬奇的网格穹顶

达·芬奇对许多研究领域以及它们之间的相互联系都怀有浓厚的兴趣。数学就是其中之一，他常把许多数学概念运用到艺术创作、建筑设计和发明创造中。下图是他绘制的网格穹顶草图[1]。

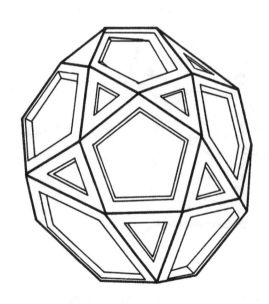

---

[1] 这里所提到的网格穹顶是指圆顶建筑的框架呈如图所示的网格结构。——译注

幻　方

　　几个世纪以来，人们对幻方总是怀着浓厚的兴趣。从古代起人们就常把幻方跟某些超自然和魔术的领域相联系。人们通过考古挖掘，在亚洲的一些古城中发现了它们。有关幻方的最早记录，是约公元前2200年中国的《洛书》。传说这个幻方最初是大禹①在黄河岸边的一只神龟的背上看到的。

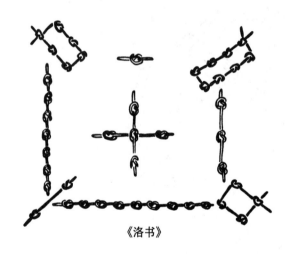

黑色的结表示偶数，白色的结表示奇数。这个幻方的幻方常数（即任何一行、一列或对角线上数字的和）为15

《洛书》

　　在西方世界，最早提到幻方的是130年士麦那王国的典籍。9世纪，幻方进

---

　　①　大禹是我国上古时期夏后氏首领、夏朝开国君王。据记载，他曾率领人民疏通江河，兴修沟渠，治水有功。——译注

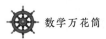

入占星学领域,阿拉伯占星师用它们来占星。大约1300年,借由希腊数学家莫斯切普罗(Moschopoulos)的著作,幻方及其性质被传播到西半球(在文艺复兴时期尤盛)。

幻方的一些性质:

幻方的阶数是由幻方的行或列的数目来规定的,例如右图的幻方阶数为3,因为它有3行。

16	2	12
6	10	14
8	18	4

幻方的"幻"在于它具有一些奇特的性质。例如:

1. 每行、每列及对角线上数的和为同一个数,这个数即为幻方常数,可以通过以下方法求得:

a. 取幻方的阶数为 n,求 $\frac{1}{2}n(n^2+1)$ 的值,这里幻方是由正整数 $1,2,3,\cdots,n^2$ 构成的。

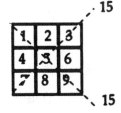

3阶幻方常数
$$=\frac{1}{2}\times 3(3^2+1)$$
$$=15$$

b. 取任意阶数的幻方并从左上角开始,沿着每一行依次写下连续的数,则每条对角线上的数的和即为幻方常数。

2. 任意两个与中心等距离的数(在同一行,同一列,或同一条对角线)互补。互补的意思是这两个数的和等于该幻方最大数与最小数的和。

8	1	6
3	5	7
4	9	2

这个幻方的互补数有:8和2,6和4,3和7,1和9

把一个已知幻方变换为另一个幻方的方法:

1. 把一个幻方的每一个数同时加上或乘以任一确定的数,所得的依然是一个幻方。

2. 如果把与中心等距离的两行及两列交换,所得结果还是幻方。

3. a. 在一个偶数阶幻方里交换两个象限,所得结果仍为幻方。

b. 在一个奇数阶幻方里交换适当的象限和行,所得结果仍为幻方。

象限是指一个幻方的四分之一区域

相比其他的趣味数学题,幻方被讨论得最多。富兰克林(Benjamin Franklin)花了很多时间用在设计幻方上。构造5阶幻方的设计极具挑战性(即用头25个正整数组成5×5方阵,使得每行、每列和每条对角线上数的和均相等)。行数和列数为奇数的幻方称奇数阶幻方;如果行数和列数是偶数则为偶数阶幻方。偶数阶幻方的通用构造方法尚未被发现。而奇数阶幻方则不同,现在已有不少的方法可以构造任意大小的奇数阶幻方。其中劳伯尔(La Loubere)发明的楼梯法,幻方爱好者们都很熟悉。下页的图展示了如何用这种方法构造一个3×3幻方。

楼梯法:

1. 从位于顶行中央的小方格的数字1开始。

2. 将下一个数放在前一个数右上角的小方格里,除非该格已被占据。如果该数落在幻方之外,那么想象有另一幻方紧邻原幻方,承接该数,然后将该数从想象的幻方移至原幻方与之前同方位的小方格中。

3. 如果在幻方中,原定放后数的小格(即前数右上角位置)已被占据,则可以直接将后数放在前数正下方的小格内。例如图示中的数4和7。

4. 重复(2)和(3)的步骤,直到幻方其余的数都写入相应的小格中。

现在请你尝试用楼梯法来构造5×5幻方(用头25个正整数)。依照前述变换法则进行幻方变换,体会变换原理。

用你所构造的任何一个幻方,将其中每一个数同时乘以一个任意常数,所得的结果仍是幻方吗?

楼梯法
（对于3×3幻方）

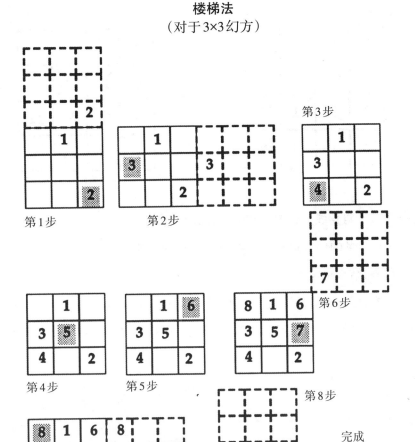

人们想出了各式各样的方法构造出特殊的偶数阶幻方。

例如:适用于4×4幻方的对角线法。

步骤:

首先,按书写顺序从左至右,再由上至下写下连续数构造出方阵。然后将自

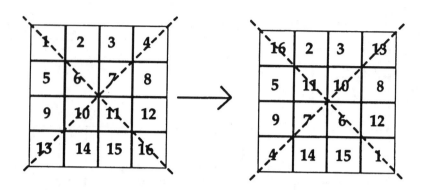

然方阵中位于对角线上的数与它的互补数交换位置。

对一个4×4的幻方进行适当的行或者列的交换,结果仍会是幻方。如果适当交换象限,结果也是幻方。

试试看,你能不能设计出构造其他偶数阶幻方的方法,甚至发现对所有偶数阶幻方都适用的构造方法。[①]你还可以找到或设计出构造任意奇数阶幻方的其他方法。

---

① 许多人花了大量的时间和精力去寻找偶数阶幻方的通用构造法。新泽西州豪厄尔县的瑟楚克(Hyman Sirchuck)声称自己已经找到了一种构造偶数阶幻方的方法。——原注

一个特殊的"幻"方

斐波那契数列为$1,1,2,3,5,8,13,\cdots$,其中的每一项都是前两项的和(从第三项起)。当用斐波那契数$3,5,8,13,21,34,55,89,144$依次替换三阶幻方中的数$1,2,3,4,5,6,7,8,9$时,会形成一个新的方阵。这一方阵虽然不具有幻方通常的性质,但它的3个行的乘积的和$(9078+9240+9360=27\ 678)$等于3个列的乘积的和$(9256+9072+9350=27\ 678)$。

8	1	6
3	5	7
4	9	2

89	3	34
8	21	55
13	144	5

杨辉三角形

数学在全世界是相通的。历史表明数学的发现和应用并不局限于某一个地区，帕斯卡三角形的中国图式就是其中一个例子。虽然帕斯卡对帕斯卡三角形进行过一些有意义的探索，但同样的三角形却早在帕斯卡出生之前300多年就刊印在中国的书籍中！①

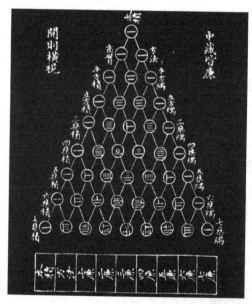

$$
\begin{array}{ccccccccc}
& & & & 1 & & & & \\
& & & 1 & & 1 & & & \\
& & 1 & & 2 & & 1 & & \\
& 1 & & 3 & & 3 & & 1 & \\
1 & & 4 & & 6 & & 4 & & 1 \\
\cdot & & \cdot & & \cdot & & \cdot & & \cdot
\end{array}
$$

---

① 中国南宋数学家杨辉1261年所著的《详解九章算法》中出现了这张图片，被称为杨辉三角或杨辉三角形。——译注

阿基米德之死

叙拉古①的阿基米德是伟大的古希腊数学家。

公元前214至前212年，在罗马与迦太基的第二次战争期间，叙拉古为罗马军队所包围。这时阿基米德发明了许多精巧的防卫武器（如石弩、将罗马战舰提起并撞碎的拖钩、使战舰着火的抛物面反射镜，等等），有效地阻挡了罗马军队近

---

① 叙拉古是意大利西西里岛东南部的一个海港，是公元前734年迦太基人建立的一座古城。
　　——译注

3年。虽然叙拉古终因弹尽粮绝而落入罗马人之手,但罗马统帅马塞拉斯(Marcus Claudius Marcellus)下令不许伤害阿基米德。然而,一个罗马士兵闯进阿基米德的家里,发现阿基米德还在为一道数学问题而苦苦思索,完全无视他的出现。士兵命令阿基米德停止工作,但阿基米德没有理会,盛怒之下,士兵把剑刺进了阿基米德的胸膛。

非欧几里得世界

19世纪是一个思想大解放时期,包括政治、艺术和科学都有进步,数学也一样,这时非欧几何得到了发展。非欧几何的发现标志着现代数学的开始,如同印象派油画标志着现代艺术的开始一样。

在此期间,双曲几何(非欧几何之一)由俄罗斯数学家罗巴切夫斯基(Nico-lai Lobachevsky)和匈牙利数学家鲍耶(Johann Bolyai)分别独立发现。

可以发现,双曲几何也像其他非欧几何一样,描述的是一些令人感到陌生的

庞加莱双曲几何模型的一种抽象图案

性质,因为人们已经习惯于按照欧氏几何的模式思考问题。例如,在双曲几何中线未必是直的,而平行线也不保持等距离,而是彼此渐进,但永不相交。人们在深入研究非欧几何后发现,它确实能够对宇宙现象进行更为精确的描述。因此,人们构思出一个适用于非欧几何的另一个世界。

　　法国数学家庞加莱(Henri Poincaré)创造了一个这样的世界。他想象宇宙被围限于一个圆内(对于三维模型则可形象化为一个球体),其中心温度为绝对零度。

　　当人们从中心出发旅行,其周围温度便会上升。假设这个世界中的物体和居民觉察不到温度的变化,而当他们移动时,万物的尺寸都在变化。也就是说,当一个人走向中心时,万物都在同步放大;而当他走向边界时,万物都在同步缩小。既然万物的尺寸均在变化,你就有可能不会知道也发现不了尺寸的变化。这意味着,当这个人朝着边界移动时,步幅会逐渐变小,也就是说,边界对他而言并没有变近。

　　这种现象导致这个世界显得无穷大。在这个世界中,两点间最短的路径是一条弯曲的线,沿着这条弧状线从A到B移动所需的步数最小,因为这样走步幅

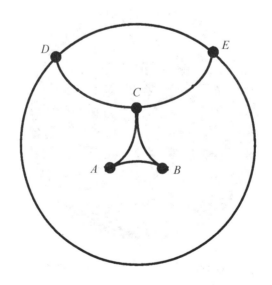

会较大。

上页图就是这样一个世界，在这个世界里三角形的边是弧线，如图中的三角形 ABC。平行线看上去也变了样，如线 DCE 与线 AB 平行，因为它们不会相交。

实际上庞加莱所描述的有可能就是我们所生活的世界。如果我们从这个角度看世界，如果我们的旅行可以用光年来度量，那么也许我们能够发现自身尺寸的改变。事实上根据爱因斯坦(Einstein)的相对论，当速度接近光速时尺子的长度将变短！

庞加莱

庞加莱是一位富有创造力的思想家。在巴黎索邦大学当教授期间(1881—1912)，他所开设的学科多样性说明了这一点。他的著作和思想涵盖了电学、位势论、水力学、热力学、概率、天体力学、发散数列、渐近展开、积分不变量、轨道的稳定性、天体的形成等科目，种类之多不胜枚举。他的工作毫无疑问激励了20世纪的数学思想。

炮弹与金字塔

平方数、金字塔数以及它们累加的和数,可以用来确定一个底为正方形的金字塔内炮弹的数量。

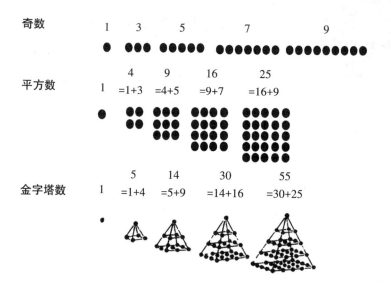

试研究以上各组数的规律。

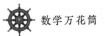

请推测下图中有多少炮弹。

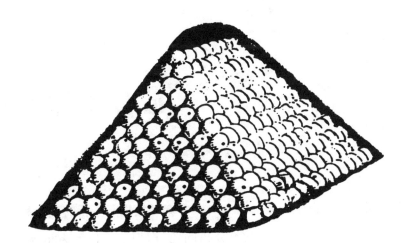

尼哥米德蚌线

人们在探索某些数学问题的答案时常常会激发出一些新的理论和发现。古代著名的三大作图问题——三等分角问题(即把给定角分为相等的三个角)、倍立方问题(即作一个立方体使它的体积两倍于给定立方体的体积)及化圆为方问题(即作一个正方形使它的面积等于给定圆的面积)——激发了很多数学思想,为了解决这些问题,人们有了许多奇思妙想。虽然这三大作图问题最终被证明不可能只用圆规和直尺实现,但人们却找到了其他的解决办法,蚌

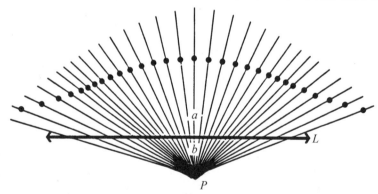

构造一条蚌线要从一条直线 L 和一点 P 开始。过 P 画射线与 L 相交。在每条这样的射线上,以 L 为界向外截出一段固定的长度 a 并取点。那么这些点的轨迹便形成蚌线。

蚌线的弯曲程度依赖于 a 与 b 之间的关系。即 a=b, a < b 或 a > b。蚌线的极坐标方程是:

$$r = a + b \cdot \sec\theta$$

线就是其中之一。

　　蚌线是一种历史悠久的曲线,它是由尼哥米德(Nicomeds)(约公元前200年)首先发现并用于倍立方和三等分角的。

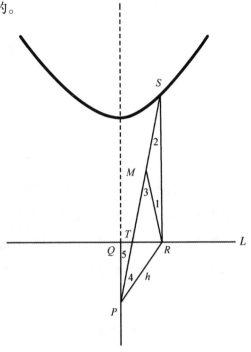

　　三等分已知角∠P可采取如下办法:取∠P为直角三角形△QPR的一个锐角。以P为极点,QR为固定线L,画一条蚌线,使得它由L向外截出的固定长度等于斜边PR长度的两倍2h。在R点作RS⊥QR并交蚌线于S点。现∠QPT即为∠QPR的三分之一(T为PS与QR的交点)。

　　证明:

　　令M为TS的中点,则RM=h,这是因为SRT为直角三角形,其斜边中点到各顶点等距离。

　　现因MS=MR=h,所以∠1=∠2=k。而∠3是△SMR的一个外角,从而∠3=2k。又因MR=PR=h,又有∠3=∠4=2k。

　　∵PQ与RS共面,且同垂直于QR,

　　∴PQ//RS。

　　∴∠2=∠5=k。

　　这样一来,∠QPR=3k,而$\frac{1}{3}$∠QPR=k=∠5。

　　由此,∠QPR被三等分。

三叶形纽结

从学会系鞋带起,打结对大多数人来说就是一件习以为常的事。当然,打结也是一种艺术,当你看到水手为小船装上索具的时候,尤其会有这种感觉。打结也是一种数学思维,它被归类为拓扑学领域。纽结本身还形成了一门新学科。其中最重要的思想是证明了一个结不可能在多于三维的空间中存在。

制作一个三叶形纽结

右图中的三叶形纽结的制作方法是:拿一张长纸条将它扭转3个半圈,并用胶带将两端连接在一起,再用剪刀沿着纸带的中线剪开,结果你将得到一条有着三叶形纽结的纸带。

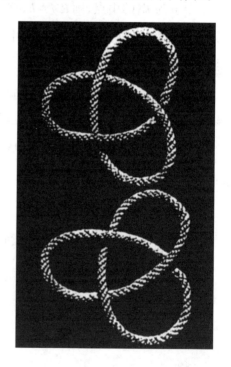

富兰克林幻方

　　变化多端是富兰克林幻方的特色,除具有一般幻方的通常性质[①]外,它还有许多奇异的特性。例如,它的每一行总和为260,而每半行的和为130;向上的阴影线上的四个数与对称的向下的阴影线上的四个数(可接长)的总和为260;任何四个与中心等距离且位于各象限对等位置的四个数的和为130;各象限内四个角与四个中心数的总和为260;任何构成小的2×2方块的四个数的和为130;等等。

52	61	4	13	20	29	36	45
14	3	62	51	46	35	30	19
53	60	5	12	21	28	37	44
11	6	59	54	43	38	27	22
55	58	7	10	23	26	39	42
9	8	57	56	41	40	25	24
50	63	2	15	18	31	34	47
16	1	64	49	48	33	32	17

---

　　① 见"幻方"一节。——原注

无理数与
毕达哥拉斯定理

无理数即无法用有限位的十进制数或循环小数表示的数。

例如：

$\sqrt{2}$，$\sqrt{3}$，$\sqrt{5}$，π，$\sqrt{48}$，e，$\sqrt{235}$，ϕ，…

如果把一个无理数写为十进制小数，得到的将是一个无限不循环小数。

例如：

$\sqrt{2}\approx1.414\ 213\ 56\cdots$

$\sqrt{235}\approx15.329\ 709\ 7\cdots$

$\pi\approx3.141\ 592\ 653\cdots$

$e\approx2.718\ 281\ 82\cdots$

$\phi\approx1.618\ 033\ 98\cdots$（黄金比值）

几千年来，数学家们设计出许多方法以便获得无理数更为精确的近似值。运用高性能计算机和无穷数列，近似值的位数可以任意延长。当然，在设计算法时要考虑所耗费的时间及代价。令人惊奇的是，许多无理数可以利用毕达哥拉斯定理准确地丈量出来。古希腊数学家不仅证明了毕达哥拉斯定理[①]，而且还用它丈量出了一些长度为无理数（与单位长度相比）的线段。

[①] 见"毕达哥拉斯定理"一节。要注意的是：π和e不能用直尺和圆规画出来，因为它们不仅是无理数，还是超越数。——原注

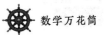

若要在数轴上确定 $\sqrt{2}$，$\sqrt{3}$，$\sqrt{4}$，$\sqrt{5}$，$\sqrt{6}$，$\sqrt{7}$，$\sqrt{8}$…的位置，可先作出斜边长等于这些数值的直角三角形，然后如下图所示用圆规画弧，交于数轴的点就是所求的位置。

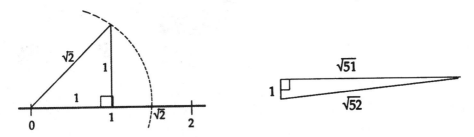

如图所示，若想作长为 $\sqrt{52}$ 的线段，第一种方法是以长为 $\sqrt{51}$ 和 1 的线段为直角边作直角三角形，另一种方法是以长为 7 和 $\sqrt{3}$ 的线段为直角边作直角三角形。

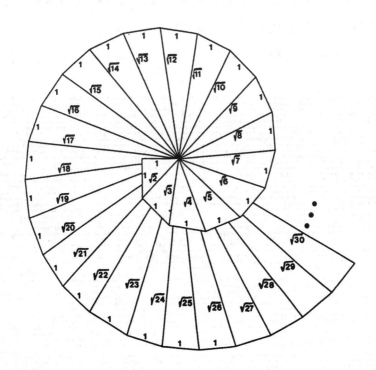

素　数

一个大于 1 的正整数，如果只有 1 和它自身两个因子，这样的数就是素数。

1978 年 10 月 30 日下午 9 时，上述的数被发现，它成为当时最大的已知素数。这个素数可写为 $2^{21701}-1$，它是尼克尔和诺尔（两人均系中学生）用计算机运算了 350 小时后发现的。几个月后，诺尔又独自发现了一个更大的素数 $2^{23209}-1$。1979 年 5 月，利物浦实验室的尼尔森发现了一个比诺尔的素数大得多

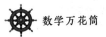

的素数 $2^{44\,497}-1$。[①]

尽管如今的计算机程序已经能够帮忙找出素数,但这种筛法是古希腊数学家埃拉托色尼(Eratosthenes)发明的,利用该方法可找出小于某给定数的所有素数。下图圆圈内的数是小于100的所有素数。

埃拉托色尼筛法

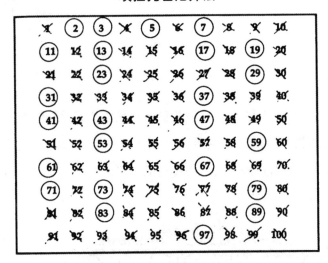

步骤:

1. 划掉1,因为它不归于素数类。

2. 圈起2,这是最小的正的偶素数。现在划掉所有2的倍数。

3. 圈起3,即下一个素数。现在划掉所有3的倍数。可能其中有些已作为2的倍数被划掉。

4. 圈起下一个未被划掉的数,即5。现在划掉所有5的倍数。

5. 继续上述操作,直至100以内的所有数要么被圈起,要么被划掉。

---

① 后来数学家们又发现了许多更大的素数。1983年发现了 $2^{86\,243}-1$,1985年发现了 $2^{216\,091}-1$,1991年发现了 $2^{756\,839}-1$,2018年12月,迄今为止最大的素数被发现,它是 $2^{82\,589\,333}-1$,共有 24 862 048 位。——译注

黄金矩形

黄金矩形是一种非常美丽而令人着迷的数学构造,它还可以延伸至数学以外的领域,如艺术、建筑、自然界,甚至于广告。它备受追捧并非偶然,心理学实验表明,黄金矩形是最令人赏心悦目的矩形之一。

希腊雅典的帕台农神庙

公元前5世纪的古希腊建筑师已经感受到黄金矩形的和谐之美。帕台农神庙就是应用黄金矩形的一个早期建筑的例子。那时的古希腊人已经认识了黄金分割,并知道如何构建、如何估算,以及如何用它来构造黄金矩形。黄金分割 φ(phi)与古希腊著名雕塑家菲狄亚斯(Phidias)名字的头三个字母相同,这并非是巧合,因为人们相信菲狄亚斯在他的作品中运用了黄金分割和黄金矩形。毕达哥拉斯学说之所以选择五角星作为象征符号,是因为它与黄金分割有着密切的关系。

除了在建筑学上的影响之外,黄金矩形还出现在艺术作品中。在1509年出版的帕乔利的著作《神奇的比例》中,达·芬奇所绘的插图展示了人体结构中的黄金比例。黄金比例在艺术上的运用被称为"动态对称"。丢勒、修拉(George Seurat)、蒙德里安(Pietter Mondrian)、达·芬奇、达利(Salvador Dali)、贝洛斯(George Bellows)等人,都在他们的作品中运用了黄金矩形,以创造出动态对称。

《浴者》为法国印象派画家修拉所作,作品中出现了三个黄金矩形

求出给定线段 AC 的几何平均数,就是对其进行黄金分割。[1]

于是有:

$$\frac{AC}{AB} = \frac{AB}{BC}$$

---

[1] 为确定黄金分割比值,必须解方程:

$$\frac{1}{x} = \frac{x}{1-x}$$

这里 $AB = x, AC = 1$,而 $BC = 1-x$。黄金分割比 AC/AB 或 AB/BC 的比值为 $\frac{1+\sqrt{5}}{2} \approx 1.6$。——原注

则 AB 为黄金均值,也叫作黄金分割或黄金比例。

一条线段一旦进行了黄金分割,那么黄金矩形也就很容易构造出来,其步骤如下:

1. 在给定的线段 AC 上找出黄金分割点 B,并作正方形 $ABED$;

2. 作 $CF\perp AC$;

3. 延长射线 DE,使得线 DE 与 CF 交于 F 点。

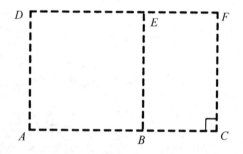

则四边形 $ADFC$ 是一个黄金矩形。

黄金矩形也可以在没有黄金分割线的情况下作出,其步骤如下:

1. 作任意正方形 $ABCD$;

2. 用线段 MN 将该正方形平分;

3. 用圆规,以 N 为中心,以 CN 为半径作弧;

4. 延长射线 AB 直至与上述弧线相交于 E 点;

5. 延长射线 DC;

6. 作线段 $EF\perp AE$,并令射线 DC 与 EF 交于 F 点。则四边形 $ADFE$ 为一黄金矩形。

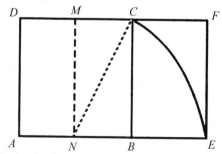

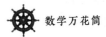

数学万花筒

黄金矩形还能自行衍生:从下面的黄金矩形 ABCD 开始,很容易通过画正方形 ABEF 的方法得到黄金矩形 ECDF。再通过画正方形 ECGH,容易构成黄金矩形 DGHF。这样的操作可以无限地进行下去。

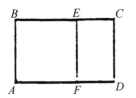 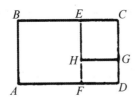 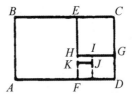

用最后得到的无穷多个彼此紧挨着的黄金矩形,可以做出另一种类型的等角螺线(也称对数螺线)。如下图用圆规在一系列黄金矩形中的各个正方形里画四分之一圆弧。这些弧便形成等角螺线的轮廓。

补充说明:

由黄金矩形持续衍生出其他的黄金矩形,这样便形成了等角螺线的轮廓。图中两条对角线交点为该螺线的极点或中心。

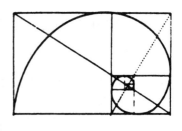

O 为螺线的中心。

螺线的极半径是指以中心 O 和螺线上任意点为端点的线段。

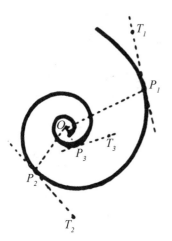

注意螺线上的每一个点的切线与该点的极半径都形成一个角如$\angle T_1P_1O$。如果每一个这样的角都相等,则该螺线为等角螺线。

等角螺线也称对数螺线,因为它以几何级数(也就是指数形式)增长,而指数也叫对数。

等角螺线是唯一一种放大之后不会改变形状的螺线。

自然界有很多种天然结构:正方形、六角形、圆、

113

三角形等。黄金矩形和等角螺线是最优美的两种形状。两者的形行迹可见于海星、贝壳、菊石、鹦鹉螺、序状种子的排列、松果、菠萝甚至于蛋的外形。

同样令人感兴趣的是黄金比与斐波那契数列之间的联系。斐波那契数列$(1,1,2,3,5,8,13,\cdots,[F_{n-1}+F_{n-2}],\cdots)$相邻项比值的极限,即为黄金均值$\phi$。

$$\frac{1}{1},\frac{2}{1},\frac{3}{2},\frac{5}{3},\frac{8}{5},\frac{13}{8},\frac{21}{13},\frac{34}{21},\cdots,\frac{F_{n+1}}{F_n}\longrightarrow\phi$$

$$1,2,1.\dot{5},1.\dot{6},1.6,1.625,1.615\,38\dot{4},1.619\,04\dot{7},\cdots$$

$$\phi=\frac{1+\sqrt{5}}{2}\approx1.\dot{6}。$$

除了出现在艺术作品、建筑物和自然界外,今天黄金矩形还在广告和商业等方面派上用场。许多包装盒采用黄金矩形的形状,能够更加迎合公众的审美需求。例如标准的信用卡就近似于一个黄金矩形。

黄金矩形还跟许多其他的数学思想相联系。如无穷数列、代数、圆内接正十边形、柏拉图体、等角螺线、极限、黄金三角形和五角星形等。

三面变脸四边形
折纸

从广义上讲，折纸也是一种拓扑学智力游戏。将一张纸折成某种造型，经过一系列翻折，可展示出各种不同的图样。

以下物体称为三面变脸四边形折纸。三是图样的数目，四则是拼成图样的小图数目。

115

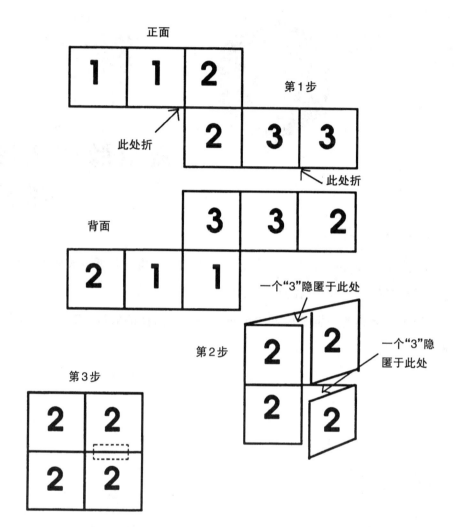

现在正面全是2,而背面全是1。

沿着垂直的中线翻折可得到一整面3。

于细微处觅无穷

你能想象什么是无穷吗？无穷是一个永远没有终结的数量。无穷的概念不容易理解。我们很容易理解数7，因为它能描述7个苹果；我们也容易理解10亿（写为1 000 000 000），因为它能描述一罐沙粒数，但无穷的数量是没有穷尽的。有一种较为简便的方法可以使人体验到无穷：取一面镜子正对另一面大一点的镜子。那么会发生什么事呢？你能看到一面镜子里有一面镜子，里面又有一面镜子，又有一面镜子……永无止境。

有人可能会想，一个无穷的数量必然会占据很大的空间。这也未必，比如

在一条短短的线段 AB 上，A 到 B 之间就有无穷数量的点。

今证如下：

我们设定任意两点之间必能找到另一个点。于是，如果点 A 和点 B 位于一条线段上，那么它们之间必能找到点 C。而在 A 和 C 之间又能找到另外的点，同样在 C 和 B 之间也能找到另外的点。这种在任意两点之间找另外点的过程可以永远继续下去，这样在线段 AB 上便有无穷数量的点。

另一种描述无穷数量的方法是类似于"跳蚤的故事"所描述的方法。

一只叫哈弗（Half，意思为一半）的跳蚤想跳过房间。他的朋友告诉他，如果每次跳跃都留下剩余距离的 $\frac{1}{2}$，那么他将永远无法到达另一头。哈弗说，他肯定能到达房间的另一头，没问题。第一次，哈弗便跳了全程的 $\frac{1}{2}$，剩下的也只有 $\frac{1}{2}$ 的路程；接着第二次跳，哈弗又跳过剩下路程的 $\frac{1}{2}$；如此一直继续下去。尽管他已非常接近房间的另一头，但他仍须遵循以下的规则：即每一次跳跃只能跳余下距离的 $\frac{1}{2}$。哈弗终于意识到，他永远都会有段距离未完成，于是他只能永不休止地跳下去，除非他放弃。

然而，虽说无穷是一个没有尽头的数量，它没有确定的值，但我们发现，它既能适应一个非常小的空间，也能适应一个非常大的空间。

五种柏拉图多面体

柏拉图多面体是凸多面体,其表面由全等的正多边形构成。这样的多面体只存在五种。

体这个词意味着三维的物体,如一块岩石,一颗豆,一座金字塔,一只盒子,一个立方体等。有一类非常特殊的体称为正多面体,它是由古希腊哲学家柏拉图发现的。如果一个多面体的每一个面具有同样的大小和形状,那么它就是正多面体。立方体是一个正多面体,因为它的所有面都是同样大小的正方形,而右边的盒子就不是正多面体,因为它的各个面不全是同样大小的矩形。柏拉图证明了只存在五种正凸多面体。它们是正四面体、立方体或正六面体、正八面体、正十二面体和正二十面体。

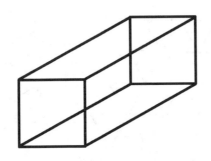

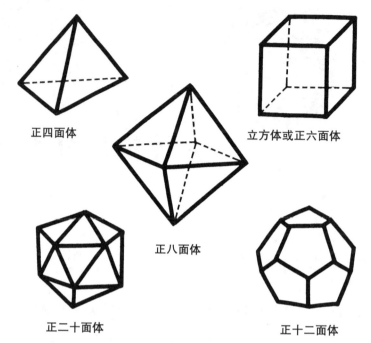

正四面体

正八面体

立方体或正六面体

正二十面体

正十二面体

下图是五种正多面体的平面展开图。试试将它们复制、剪下并折成三维模型吧。

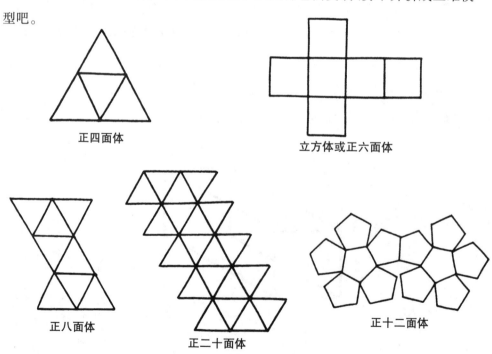

正四面体

立方体或正六面体

正八面体

正二十面体

正十二面体

用角锥形法构造幻方

角锥形法是用于构造奇数阶幻方的方法之一。以下是构造一个5×5幻方的示例。

步骤：

1. 如图,沿着对角线方向的框格依次写下1到25的数;

2. 重新安置位于幻方边框外的所有的数,将其从想象的方阵移到幻方框架中与之对应的位置(图中空心的数字是重新安置的数)。

			5			
		4		10		
	3	16	9	22	15	
2	20	8	21	14	2	20
1	7	25	13	1	19	25
6	24	12	5	18	6	24
	11	4	17	10	23	
		16		22		
			21			

开普勒星形多面体

柏拉图发现了五种以他命名的柏拉图多面体(正四面体、正六面体或立方体、正八面体、正十二面体和正二十面体),而阿基米德也有专属的阿基米德多面体,但以下四种非凸面体却是古人所不知道的。开普勒于17世纪初发现了其中的两种,后来波因索特(Louis Poinsot)重新发现了它们,并于1809年又发现了另外两种。这些形状的几何体,今天常被用于灯罩和灯具的造型。

小星形十二面体

大星形十二面体

大十二面体

大二十面体

假螺线——视错觉

　　下图看起来好像是一条螺线,但仔细观察之后就会发现,它是由一些同心圆构成。这种"方向的组合"是由弗莱塞(James Fraser)博士发现并首次发表在《英国心理学杂志》上(1908年1月)。这种现象也称为"扭转索"效应。将两股颜色对比明显的绳索拧成一股,然后将它们置于不同的背景下,这样制造出来的视错觉是如此的逼真,以至于即便循着同心圆的边界勾画,还是难以消除螺线或螺旋的错觉。

正二十面体与
黄金矩形

黄金矩形出现在我们生活的方方面面——建筑、艺术、自然界、科学和数学。帕乔利的著作《神奇的比例》(由达·芬奇于1509年作图解)介绍了许多令人叹为观止的平面几何和立体几何的黄金分割的例子。下图就是其中一例。图中三个黄金矩形彼此对称并两两垂直相交,这些矩形的顶点与一个正二十面体的十二个顶点相重合。

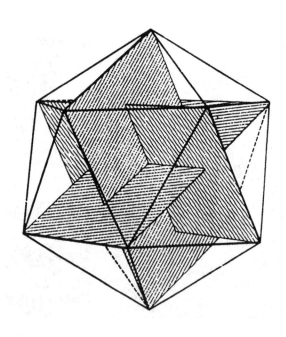

芝诺悖论——
阿基里斯与乌龟

悖论总是充满趣味,而且是数学的一个非常重要的部分。它强调在陈述或证明某种想法时,严谨和细节是非常重要的,这样才能没有漏洞。在数学中,我们常常试图使数学思想覆盖尽可能多的方面,例如我们努力归纳出一个概念以使其能够用于更多的对象。归纳固然重要,但它也可能导致危险。我们务必谨慎从事。一些悖论就体现了这种危险性。

公元前5世纪,芝诺(Zeno)用无穷、连续以及部分求和的知识,演绎出以下著名的悖论:让阿基里斯①(Achilles)和乌龟赛跑,并让乌龟先行1000米。假定阿基里斯的速度是乌龟的10倍。那么比赛开始后,当阿基里斯跑了1000米时,乌龟仍然领先100米。当阿基里斯又跑了100米时,乌龟依然领先10米。

芝诺辩解说,阿基里斯能够继续逼近乌龟,但他绝不可能追上它。那么芝诺的推论正确吗？ 如果阿基里斯追上了乌龟,那么他是在赛程的哪一点追上呢？

（答案见附录）

欧布利德悖论与芝诺悖论

希腊哲学家欧布利德(Eublides)断言,一个人绝不可能会有一堆沙。他的见解是:一粒沙不能构成一堆沙,如果在一粒沙上加上一粒沙它们也不能构成一堆。如果你没有一堆沙,那么即使给你加上一粒沙,也同样没有一堆,因此你永远不会有一堆沙。

依着同样的思路,芝诺把眼光瞄向线段。他断言,如果点是微不足道的,那么加上另一个点依然微不足道。因此人们就绝不可能通过增加点的数量得到一个具有一定尺寸大小的物体。接着他进一步推断说,如果一个点有大小,那么一条线段就必然有无限的长度,因为它是由无穷数量的点构成。

---

① 阿基里斯是荷马史诗中的希腊英雄,神话传说中善跑的神。——译注

神奇的六线形

数学是一个无穷的知识宝库,里面装满了迷人的思想。下面这个特殊的定理是法国数学家帕斯卡在16岁时证明的。他把它取名为神奇的六线形。

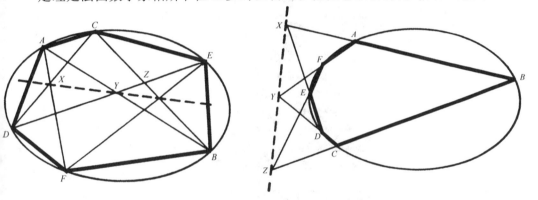

如果一个六边形内接于一条圆锥曲线,则它的三组对边的交点共线。

便士谜题

每次滚动1枚便士①到新的位置,使其依然接触其他2枚便士。请将排列成三角形的便士,重新排列成倒置的三角形。

所需的最少滚动次数为3。

---

① 在美国和加拿大,1分钱的铜币称为1便士;在英国,便士为辅币名,旧制1便士等于$\frac{1}{240}$英镑,1971年改制后1便士等于$\frac{1}{100}$英镑。——译注

镶　　嵌

简单地讲,平面镶嵌就是用同样形状的平板砖,无缝隙而又不重叠地铺满整个平面。给定平板砖的形状,在实际铺设之前我们能够通过数学的方法预先确定它们是否能够镶嵌。演算前要先知道一个数学原理,即圆周角为360°。

让我们研究一下用正五边形来铺设地板,只要记住以上原理,并运用一些几何知识就可以了。一个正五边形有五条相等的边和五个相等的角。为了计算正五边形内角的大小,我们把正五边形如左图分为五个全等三角形。由于对任意的三角形而言,其内角和为180°。由此我们可以确定正五边形的每个内角为108°。这样一来,当我们试图将全等的正五边形拼接在一起时,我们发现其间必有缝隙,因为正五边形只能铺出108°+108°+108°=324°,而无法铺满一周或360°的圆周角。

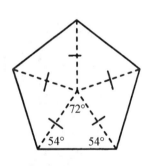

现在让我们尝试用等边三角形来铺设地板。等边三角形的每个内角为60°。我们看到六个全等的等边三角形拼在一起,是能够铺满一周的。

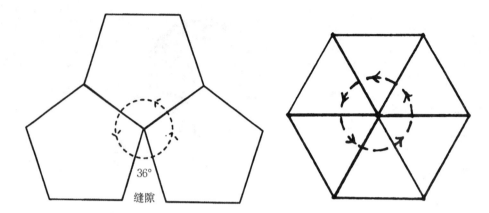

那么用正方形、正六边形、正八边形或者它们的组合体来镶嵌又怎样呢？下面是一些平面镶嵌的实例。

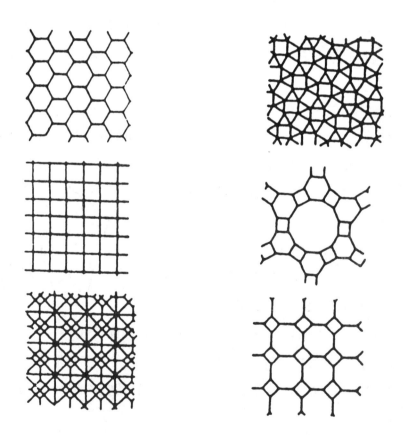

　　类似地,三维空间也能进行镶嵌,只是平板砖要用三维立体来替代。下图是切掉角的正八面体。它们是唯一能够填满空间且无须借助其他几何体的阿基米德多面体。

　　享有盛誉的荷兰艺术家埃舍尔(M. C. Escher)在他的作品中运用了许多数学概念,如默比乌斯带、短程线、射影几何、视错觉、三叶形、镶嵌等。他的很多作品采用自己独创的迷人的镶嵌,例如,《变形》《马术师》《小而又小》《正方形的极限》《圆的极限》等。除艺术外,埃舍尔对空间镶嵌的研究和应用,对建筑、内部装饰以及商品包装等邻域也产生了深远的影响。

丢 番 图 之 谜

丢番图常被人称为代数学之父,但人们除知道他生活于公元100—400年间之外,对其生平知之甚少。然而,他去世时的年龄却是大家都知道的,因为他的仰慕者之一用一道代数谜题描述了他的一生。

丢番图生命的六分之一是他的童年,再过了生命的十二分之一他长出了胡须。又过了生命的七分之一丢番图结了婚。五年后他得到了一个儿子,但儿子

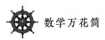

数学万花筒

只活了他父亲所活年岁的一半,而在他儿子死后四年丢番图也离开了人世。

试问,丢番图总共活了多少岁?

(答案见附录)

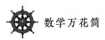

柯尼斯堡七桥问题

拓扑学起源于1736年一个著名问题——柯尼斯堡七桥问题——的解决。

柯尼斯堡[①]是位于普莱格尔河上的一座城市,城里有两个小岛和七座桥。两个小岛四周被河流环绕着。岛与河岸之间架有六座桥,另一座桥则连接着两个岛。"周日环城游"已成为当地居民的一种传统,人们试图走完这七座桥,而且每座桥只能走一次,但从来没有人成功过。后来这件事引起了瑞士数学家欧拉(Leonhard Euler)的注意。那时,欧拉正在圣彼得堡效忠于俄罗斯的叶卡捷琳娜

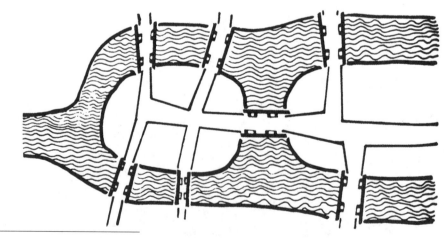

---

① 在18世纪柯尼斯堡是一座德国的城市,今天它属于俄罗斯。——原注

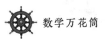

大帝。在解决该问题的过程中,欧拉创立了一个数学分支,即后来人们所熟知的拓扑学。他在解柯尼斯堡七桥问题时,采用了今天人们称之为网络的拓扑学知识。运用网络,欧拉证明了要走过柯尼斯堡的七座桥且每座桥只通过一次是不可能的。

柯尼斯堡问题及欧拉的解答,开创了拓扑学研究的先河。拓扑学是一门相对较新的领域。19世纪,数学家们才开始对它以及其他的非欧几何开展研究。关于拓扑学的第一篇论文写于1847年。

欧拉

网　络

　　网络其实是某个问题的简化图。柯尼斯堡七桥问题可以简化为如下网络。网络由顶点和弧线组成。一个可以遍历的网络是指所有的弧线必须且仅能通过一次,但顶点却可以通过任意次。下图所示的 A, B, C, D 是柯尼斯堡七桥问题的网络顶点。注意每个顶点所连接的弧线数:A 为 3,B 为 5,C 为 3,D 为 3。由于这些数全是奇数,这类顶点我们称之为奇顶点或奇点。如果一个顶点所连接的弧线数为偶数,我们则称之为偶顶点或偶点。欧拉发现,对于一个可以遍历的网络,其奇、偶点数量遵循一定的规则。特别地,欧拉注意到:奇顶点在这种遍历式的旅行中,要么是起点,要么是终点。由于一个遍历的网络只能有一个起点和一

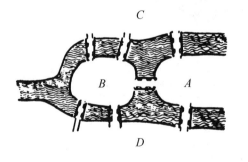

柯尼斯堡七桥问题的网络

个终点,因而这种网络的奇点数不能多于2个①。然而在柯尼斯堡七桥问题的网络中却有4个奇点,因而它是不可能被遍历的。

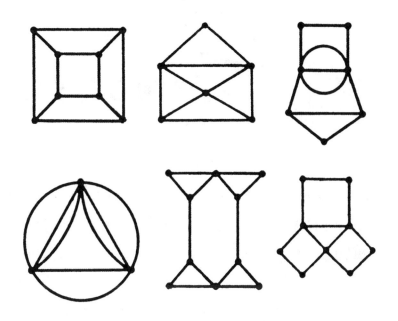

以上网络中哪一个是可以遍历的(即一笔而不重复地画成)

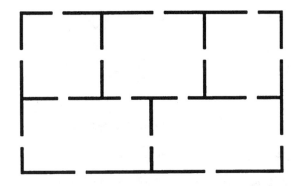

你能找到每个门各通过一次且笔不离纸的通道吗?试画出网络图并证明你的结论

---

① 原书说这种网络的奇点数为两个是不够完整的。其实还要考虑起点与终点合一的情形。一个网络可以被遍历,其奇点数要么为2,要么为0。所以这里改为"这种网络的奇点数不能多于两个"。
　　——译注

阿兹特克历法

　　日历是最古老且最重要的计算工具之一,它是一种测量和记录时间变化的系统。古人认识到自然界总是遵循一定的季节变化规律,而这些季节变化则影响着作物的生长。人们试图找出太阳日、太阳年和月亮月之间的相互关系。由于一个月亮月约有29.5天,而一个太阳年却有365天又5小时48分46秒,从而太阳年不可能是月亮月的整数倍。在追求日历的一致性上,这始终是一个主要的问题。就连我们现在的日历也不总是一致的,因为每个不被400整除的世纪年(例如1700年,1800年,1900年)必须失去一个闰日,尽管它也是一个闰年。

　　阿兹特克人[①]有两种日历,第一种日历是宗教日历,这种日历与月亮月和太阳年没有什么关系,但它对于宗教仪式有着重要意义,阿兹特克人还把对应于这种日历的生日作为自己名字的一部分。这种日历含有20个符号和13个数,构成260天的周期。阿兹特克人的第二种日历是一年包含365天[②],且与农时相适应。天体的周期性运行使阿兹特克人得以校准他们的日历,并准确地预测诸如日食、月食这类事件。

---

① 阿兹特克人是西班牙入侵前墨西哥中部的土著印第安人。——译注
② 阿兹特克人从玛雅等文化中借鉴了许多元素,也包含了他们的日历。——原注

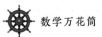

　　1790年,阿兹特克人的"太阳石"或"石头历"在墨西哥城的一个大教堂修缮时被发现。该教堂建于一个古金字塔的遗址上。该太阳石呈圆盘状,直径12英尺,重26吨,它记录了阿兹特克人宇宙观下的世界的历史。

　　太阳神的浮雕位于中心,四个太阳也就是四个宇宙世界(虎、水、风和火)围绕在太阳神的四周,象征阿兹特克人之前的世界。其中还夹杂了一些运动的符号。接下来是由20个浮雕组成一个圆环,上面刻着:鳄鱼、风、房子、蜥蜴、蛇、死神、鹿、兔、水、狗、猴、草、芦苇、美洲虎、鹰、兀鹰、地震、石器、雨和花,代表阿兹特克历法中每个月包含的20天。

139

三大不可能的
作图问题

数学的美不在于它的答案,而在于它的方法。有些问题最终被证明是无解的。虽说"无解"听起来令人失望,然而得出这一结论的思维过程却极具魅力,而且在思考过程中还能激发出新的思路。古代著名的三大作图问题便是一个例子。这三大作图问题是:

1. 三等分角问题:把一个给定的角分为三个相等的角。

2. 倍立方问题:作一个立方体,使其体积是给定立方体的体积的两倍。

3. 化圆为方问题:作一个正方形使其面积等于给定圆的面积。

这些问题在 2000 多年的时间里激发出许多数学思维和发现,直至 19 世纪,这三个作图

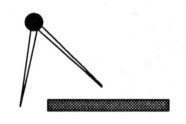

注意:这里的直尺不允许像普通尺子那样在上面做记号

问题才被最终证实为不可能只用圆规和直尺作出。

上述结论可以这样推知:直尺可作直线,其方程为线性的(一次方程),例如 $y = 3x - 4$ 等。另一方面,圆规能作出圆和弧,其方程为二次的,例如 $x^2 + y^2 = 25$ 等。而这些方程的联立不会产生高于二次的方程。然而从代数上看,解上述

三个作图问题所获得的方程并非是一次或二次的,而是三次或者带有超越数,而这类方程或超越数所对应的曲线是无法仅凭圆规和直尺画出的。

三等分角问题:

像135°或90°这样的特殊角只用圆规和直尺是能够三等分的,但对于任意给定的角,只用圆规和直尺三等分角则不可能,因为用来解这个问题的方程为三阶方程:

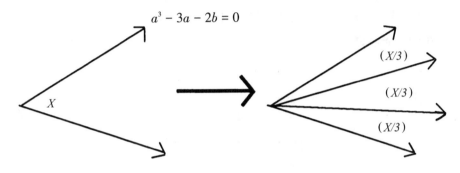

$$a^3 - 3a - 2b = 0$$

倍立方问题:

在试图将一个立方体体积翻倍的努力中,曾有人尝试将其棱长翻倍[1],然而这样作出的是一个八倍于原立方体体积的立方体。

将该立方体的体积翻倍,即要求作出一个体积为$2a^3$的立方体。

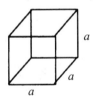

需要翻倍的立方体体积=a^3

---

① 作者这里暗指的是一则有关倍立方问题的有趣的神话。传说公元前5世纪古希腊的雅典流行着一场瘟疫。人们为了消除这一灾难向神祈祷。神说:"要使病疫不流行,除非把神殿前的立方体香案的体积扩大一倍。"开始人们以为十分容易,只须把香案的各棱放大一倍就行。不料神灵大怒,疫情愈发不可收拾。人们只好再次向神灵顶礼膜拜,才知道新香案体积不等于原香案体积的两倍。这个传说的结局如何,今天已无从推知,但这个古老的问题却从此流传了下来。——译注

$x^3 = 2a^3$，即 $x = \sqrt[3]{2}\, a$。

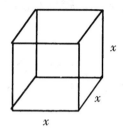

同样，我们无法仅用圆规和直尺作出这个立方体。

化圆为方问题：

给出一个半径为 r 的圆，其面积为 πr^2。

要求作出一个面积为 πr^2 的正方形。

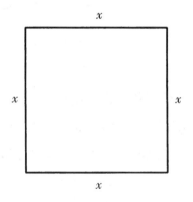

$x^2 = \pi r^2$，即 $x = \sqrt{\pi}\, r$。由于 π 是一个超越数，它不可能通过有限步骤的有理运算和求方根的办法表示出来，从而不可能只用圆规和直尺作出与圆面积相等的正方形。

虽然我们看到以上三个作图问题只用圆规和直尺是不可能作出的，然而为了解决这些问题人们创造出不少精妙的方法和工具。同样重要的是，几个世纪来，这些问题激发了数学思想的发展。尼科梅德斯蚌线、阿基米德螺线、希庇亚斯割圆曲线、圆锥曲线、三阶曲线、四阶曲线以及一些超越曲线，都源于对这三大作图问题的思考。

古代西藏的幻方

一个3×3的幻方，出现在古代西藏人印章的中央。这是数学思想没有国家和地域界限的又一例证。该幻方上的数是这样的：

4	9	2
3	5	7
8	1	6

143

周长、面积和
无穷数列

下图描画了无穷多个三角形，其中每一个三角形都是由外接于它的三角形三边的中点连接而成。为了确定这些三角形周长的总和，我们先观察以下数列：

$$\frac{1}{2} + \frac{1}{4} + \frac{1}{8} + \frac{1}{16} + \frac{1}{32} + \frac{1}{64} + \frac{1}{128} + \cdots$$

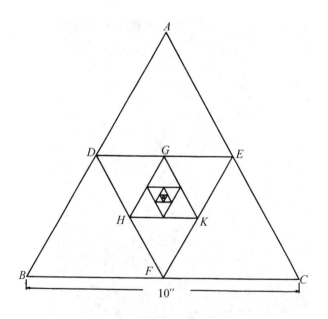

上面这些分数的和,可以通过观察如下这条数轴而确定。

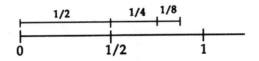

我们注意到,该数列每增添一个后继的分数,其和就更接近于1,然而绝不会超过1。于是我们可以得出这样的结论,这个数列的和为1。

现在你可能很想知道,这些信息对于确定前面的三角形周长的和起什么作用。首先让我们依次列出这些三角形的周长:

$$30,15,\frac{15}{2},\frac{15}{4},\frac{15}{8},\frac{15}{16},\frac{15}{32},\frac{15}{64},\frac{15}{128},\cdots \text{[①]}$$

将这一数列求和,便是所有三角形的周长和。

$$30+15+\frac{15}{2}+\frac{15}{4}+\frac{15}{8}+\frac{15}{16}+\frac{15}{32}+\frac{15}{64}+\frac{15}{128}+\cdots$$

化简得:

$$45+15\left(\frac{1}{2}+\frac{1}{4}+\frac{1}{8}+\frac{1}{16}+\frac{1}{32}+\frac{1}{64}+\frac{1}{128}+\cdots\right)$$

现在用1替代括号内数列和的值得:

$$45+15\times 1=45+15=60$$

即为所求的周长和。

计算这些三角形的面积和则是另一种挑战。你能对这一新的无穷数列的和进行一些探索吗?

---

① 这些值的确定用到了一个几何定理:连接三角形两边中点的线段长度等于第三边(对边)长度的一半。——原注

棋盘问题

如果把一个棋盘对角的两个方格拿掉,你能用多米诺牌覆盖这样的棋牌面吗?

假定每个多米诺牌的尺寸相当于棋盘上两个相邻的小方格的大小。多米诺牌必须平放,而且不能把一个叠放在另一个上面。

(答案见附录)

帕斯卡的加法器

　　帕斯卡是法国著名的数学家和科学家。他在诸如概率论、流体力学、液体压力等数学理论和科学发现方面多有建树。另外,他在18岁时还发明了加法器。用这种器具可以对一长串数字进行加法运算。帕斯卡的发明为现代计算器奠定了基础。

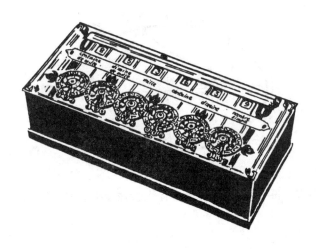

牛顿与微积分学

　　牛顿是(Isaac Newton)微积分学和万有引力理论的创始人之一。尽管牛顿是一位数学天才，但他对神学的研究也情有独钟。1665年，他所就职的剑桥大学由于鼠疫横行而停课。这期间他留在家中，发展了自己的微积分学，并使万有引力理论公式化，同时还钻研了其他物理学问题。遗憾的是，他的前述工作直至39年后才得以公开发表。

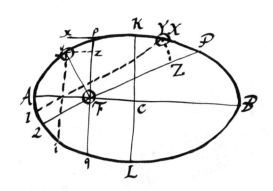

这是一份牛顿的手稿，表明万有引力对椭圆形轨道的影响

日本的微积分学

记住下面一点是很重要的:数学在世界各地的不同文化中同时发展。例如17世纪的日本数学家关孝和发展了日本的微积分,并因此闻名于世。下图是他的学生在1670年画的,通过对一系列矩形面积求和来得到圆的面积。

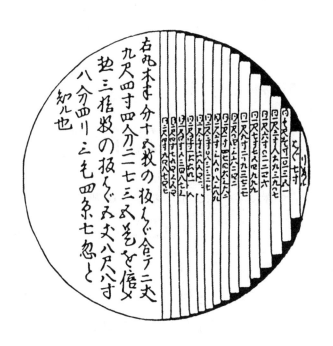

1 = 2 的证明

　　推理在我们的生活中处处存在,比如吃东西、使用地图、买礼物、证明几何定理等。为解决问题而采用的技能和策略都离不开推理。在推理中一个小小的纰漏都可能推导出十分怪异和荒谬的结果。例如,作为一名计算机程序员,你会担心由于某一步骤的疏忽而导致死循环。谁能保证自己在解释、解答或证明过程中不出任何差错呢? 在数学中把0当成除数是一种常见的错误,它能推导出类似"1=2"这样的荒谬结果。

　　你能发现以下推导错在哪里吗?

1 = 2 ?

如果 $a = b$ 且 a 和 b 均大于 0,则 $1 = 2$。

证明:

1. $a, b > 0$ 　　　　　　已知

2. $a = b$ 　　　　　　已知

3. $ab = b^2$ 　　　　　第 2 步"="的两边同"×"

4. $ab - a^2 = b^2 - a^2$ 　第 3 步"="的两边同"−"

5. $a(b-a) = (b+a)(b-a)$ 第4步的两边同时分解因式

6. $a = (b+a)$ 第5步"="的两边同"÷"

7. $a = a+a$ 第2,6步替换

8. $a = 2a$ 第7步同类项相加

9. $1 = 2$ 第8步"="的两边同"÷"

（答案见附录）

晶体的对称

自然现象中充满了对称性和图案。1912年,物理学家劳厄(Max Von Laue)将 X 射线射向一个球形的晶体并在一张感光板上成像。结果感光板上出现了一些完美地对称排列的黑点,用线条将其连接后呈现出以下的图案。这些点的位置与晶体的对称结构有关。

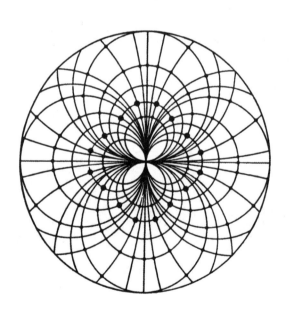

音乐中的数学

自古以来，音乐和数学就有紧密联系。在中古时期，人们把音乐与算数、几何和天文同列为教育的课程。今天的电子计算机也延续着这种联系。

乐谱是数学影响音乐的第一个主要领域。在乐谱本中，我们可以找到拍号（4:4拍，3:4拍等）、每个小节的拍子、全音符、二分音符、四分音符、八分音符、十六分音符，等等。谱写乐曲要符合每音节的拍子数，这近似于找公分母的过程——在一个固定的拍子里，不同长度的音符必须凑成一个特定的节拍。而作曲家创造的乐曲能极其优美而又浑然天成地组合出乐谱的规范格式。对一部完整的作品进行分析，我们会看到每一个音节都采用适当长度的音符按设定的节拍进行编排。

除了乐谱与数学的明显联系外，音乐还与比例、指数、曲线、周期函数以及计算机科学等相关联。毕达哥拉斯学派（公元前585—前400）最先用比例把音乐和数学结合起来。他们发现和声与整

数之间有着密切的关系，拨动琴弦发出的声音与弦的长度有关。他们还发现将弦长比为整数比的琴弦绷紧并均匀地排列，便可得到和弦。事实上每一种弹拨和弦的组合都能表示为整数比。将成整数比的弦的长度持续延长，能够得到完整的音阶。例如，从一根产生C调的弦开始，C弦长度的 $\frac{16}{15}$ 是 B 弦长度，C弦长度的 $\frac{6}{5}$ 是 A 弦长度，C弦长度的 $\frac{4}{3}$ 是 G弦长度，C弦长度的 $\frac{3}{2}$ 是 F弦长度，C弦长度的 $\frac{8}{5}$

是E弦长度，C弦长度的 $\frac{16}{9}$ 是 D弦长度，C弦长度的 $\frac{2}{1}$ 是低音C弦长度。

你可能感到好奇，为什么三角钢琴的形状那么奇怪？实际上，许多乐器的形状和结构都跟数学有着千丝万缕的联系。指数函数及其曲线就是其中之一。指数曲线是由形如 $y = k^x$ 的方程所描述的曲线，其中 $k > 0$。例如 $y = 2^x$，其图像如下。

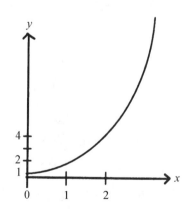

乐器，无论是弦乐器还是管乐器，其结构都呈现指数曲线的形状。

对乐声本质的认识，在19世纪法国数学家傅立叶（John Fourier）的研究中达到了巅峰。他证明了所有的乐声——不管是器乐还是声乐——都能用数学表达式来描述，它们是一些简单的正弦周期函数的和。每种声音都有三种特征：音调、音量和音色，并以此与其他乐声相区别。

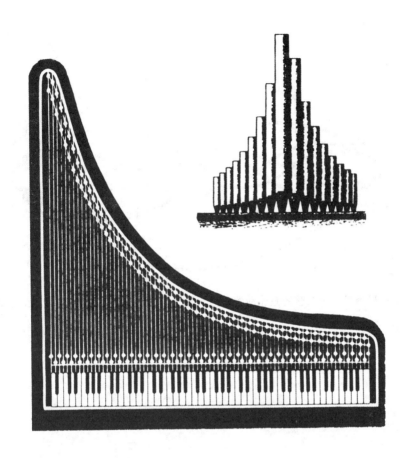

三角钢琴的弦与风琴的管,它们的外形轮廓都是指数曲线

　　傅立叶的发现使人们可以将声音的三个特征通过图解加以描述并区分。音调与曲线的频率有关,音量与曲线的振幅有关,而音色则与周期函数的形状有关。

　　很少有人既通晓数学又通晓乐理,这使得把计算机用于编曲及乐器设计等方面难以成功。数学发现,周期函数是现代乐器设计和语音控制计算机的精髓。许多乐器制造者都把产品与同种乐器的理想音频波形相比较然后加以改进。电子音乐的高保真复制也跟周期曲线紧密联系着。音乐家和数学家将在音乐的创作与复制方面继续担当同等重要的角色。

上图显示了一个完整的弦振动的断面。最长的振动确定了音调,而较小的振动
则产生和声

回文数字

回文可以是一个词、一句句子、一串数字,等等,只要倒着写与顺着写是一样的。

例如:

(1) madam,I'm Adam.(中译:女士,我是"亚当"。①)

(2) dad(中译:爸爸)

(3) 10233201

(4) "Able was I ere I saw Elba."(中译:"在我见到厄尔巴岛之前我无所不能。"②)

下面是一个有趣的数字探究:

由任意一个整数开始,加上由它数字倒着写所形成的数。将所得的和加上由和的数字倒着写所形成的数。继续这样的过程,最后你将得到一个回文数字。

无论如何你都会得到一个回文数字吗?

$$
\begin{array}{r}
1284 \\
+\ 4821 \\
\hline
6105 \\
+\ 5016 \\
\hline
11121 \\
+\ 12111 \\
\hline
23232
\end{array}
$$

回文数字

---

① 此典故来自加德纳(Martin Gardner)在《科学美国人》上的一篇专文,乃亚当(Adarn)初见夏娃(Eve)时的自我介绍。——译注

② 相传这句话出自法兰西皇帝拿破仑一世(Napoleon Bonaparte)之口。1813年,英、俄、普、奥等国组成第六次反法同盟,使法军遭受了重挫。1814年4月6日,无力再战的拿破仑宣布退位。他被放逐到地中海上的厄尔巴岛。——译注

预料不到的
考试悖论

一位老师宣布说,在下星期的五天内(星期一至星期五)的某一天将进行一场考试,但他又告诉班上同学:"你们无法知道是哪一天,只有到了考试那天的早上八点钟才通知你们下午一点钟考。"

你能说出为什么这场考试无法进行吗?

(答案见附录)

巴比伦的
楔形文字

巴比伦人大概采用黏土板作为书写美索不达米亚楔形文字的材料,因为美索不达米亚人用来书写的纸莎草不太容易得到。他们所使用的数制是60进制的位置系统,这个系统使用两个符号,Y代表1,◀代表10。▶◀= 60 × 10 = 600。巴比伦人刻在黏土板上的记号,证明了他们能够应用自己独创的数的系统进行复杂运算。下图是巴比伦人的一个问题及其解答,写于汉谟拉比统治时期(约公元前1700年),该问题是关于长度、宽度和面积方面的。

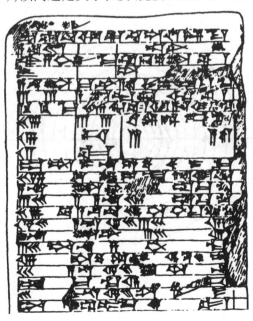

阿基米德螺线

螺线的形状在自然界中随处可见,如藤蔓、贝壳、龙卷风、飓风、松果、银河系、漩涡,等等。

阿基米德螺线是一种二维螺线。想象一只虫子沿着过螺线中心(极点)的直线以一定的速率爬行,而同时这条直线又按均匀的速率绕极点旋转。那么这只虫子的轨迹便是一条阿基米德螺线。

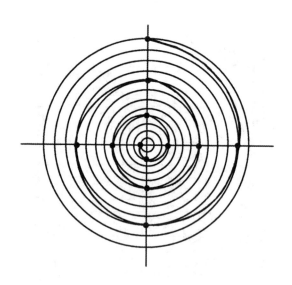

数学思想的演变

"对于一般的天体,尤其是大彗星而言,3000年算不了什么:在永恒的时间长河里,那不过是一瞬间,但是对于你我这样的数学研究者来说,3000年实在是很长很长!"

——【法】弗拉马利翁(Flammaron),1892①

我们常常会忽略一个事实:数学是思想演变的结果,它始于史前人类的探索发现,那时人们为了分配食物而发明了数的概念。每一种贡献,不管它多么小,对数学思想的发展都是重要的。有些数学家一辈子只研究一个问题,而有些科学家则可能进行着多个领域的研究。例如,我们来看一看欧几里得几何学的发展历程。几何思想是由古代许多不同的人发现的。泰勒斯最早用逻辑的方法对几何的概念加以研究。接下来的300年里,其他人循着他的足迹发现了更多的几何原理,其中大部分都出现在我们的高中课本里。大约在公元前300年,欧几里得把前人的几何思想加以收集、整理。这是一项艰巨的工作。他把所有相关的知识组织成一个数学体系,这就是后来众所周知的欧几里得

---

① 弗拉马利翁是法国天文学家和诗人。他的名著《大众天文学》(三卷)曾经激励着一代代天文爱好者。该书自1879年出版以来,已译成几十种文字,受到世界各地广大读者的称赞和欢迎。——译注

几何学。在欧几里得的著作《几何原本》中，内容的编排遵循着逻辑发展的顺序。《几何原本》写于2000多年前，虽然算不上非常完美的数学体系，经不起今天的数学家们的仔细推敲，但它依然作为非凡的作品而永载史册！

阿波罗尼乌斯（Apollonius）从欧几里得的著作中获得了灵感，并对与数学相关的许多领域，如圆锥理论、天文学和弹道学等，作出了历史性的贡献。上图是他研究的一个问题：

给出三个定圆，试求一个圆使它与三个定圆都相切。

图解表明该问题有8种解答。

四色地图问题

对地图制作者来说,一个画在平面或球面上的地图,只要用四种不同的颜色便能把不同的国家区分开,这是一条未经证明的法则。1976年,著名的四色地图问题由美国伊利诺伊大学的阿佩尔(K. Appel)和哈肯(W. Haken)用计算机给予了证明,但他们的证明依然面临着挑战。

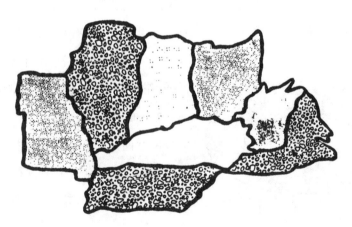

四色问题要求证明:每一张画在平面上的地图仅用四种颜色着色,便可令所有邻接的区域都有不同的颜色

更进一步说,人们考虑建立不同的拓扑模型为地图着色。拓扑学研究了许多非同寻常形状的表面——甜甜圈形、纽结饼形、默比乌斯形的表面等。在一个球面上戳一个洞,然后将它拉伸、摊平,即成为一个平面。因而从本质上

讲,一个球面的着色跟一个平面的着色,所需求的颜色数是一样的。拓扑学研究的是物体在如同橡胶那样延伸和收缩的变形下保持不变的性质。究竟有哪些性质在这些变形下保持不变呢? 由于会产生变形,所以我们推知拓扑学不考虑对象的大小、长短、形状和刚性。拓扑学所关注的是位置的特征,如点在一曲线的内部还是外部,一个物体有几个面,一个对象是否是一条简单的闭曲线,或它所包含的内部区域或外部区域的数量等。对于前面所提的那些拓扑学对象,地图着色是一个全新的问题,因为四色问题的解对它们不适用。

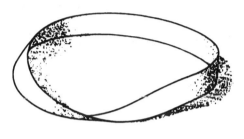

默比乌斯带

　　试对一张纸条上的各种不同的地图着色。然后把它扭转半圈并将两端粘接在一起,做成一条默比乌斯带。此时四色还够吗? 未必! 那么对于任意的这种地图最少需要多少颜色呢? 试在一个环面上(具有甜甜圈的形状)对地图着色。最简单的方法是用纸张做一个想象的甜甜圈,然后在上面做试验。可先在纸的一面上对地图着色,然后卷成圆筒状,再弯曲圆筒并把两头粘接在一起形成甜甜圈形状。你知道为这样一个环面上的地图着色,最少需要多少种颜色吗?

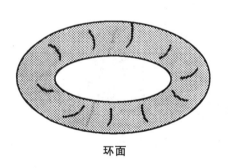

环面

艺术与动态对称

在自然界里有许多物体的形状是对称的——树叶、蝴蝶、人体、雪花等。当然，也有许多物体的形状是不对称的，如蛋、蝴蝶的翅膀、鹦鹉螺和花斑鲈鱼等。这些非对称的形状同样具有一种均衡之美，而这种均衡被称为动态对称。

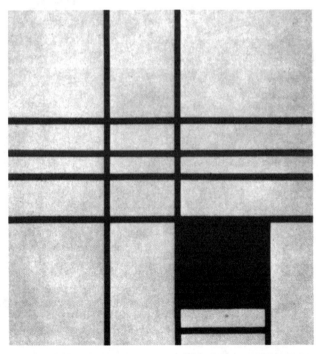

《金黄色的组合》，蒙德里安作于1936年，据说，蒙德里安在几乎所有的画布上都运用了黄金矩形

在所有动态对称的形状中,我们总能找到黄金矩形①、黄金比例或黄金分割。

在艺术作品中运用黄金矩形和黄金分割是一种动态对称的技巧。丢勒、修拉、蒙德里安、达·芬奇、达利和贝洛斯等人都在他们的作品中用黄金矩形去创造动态对称。

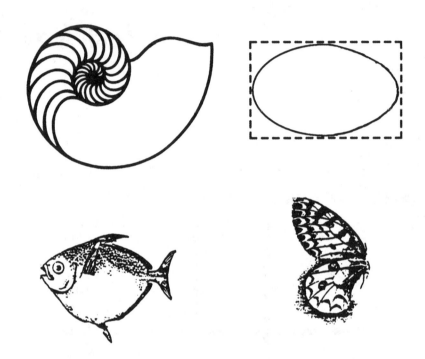

上图显示了鹦鹉螺、蛋、蝴蝶翅膀、花斑鲈鱼等物体的动态对称

---

① 见"黄金矩形"一节。——原注

超 限 数

你认为下面的集合里各有多少个元素？

{a,b,c}

{$-1,5,6,4,\dfrac{1}{2}$}

{ }

如果你的回答是3、5和0,那么你仅仅给出了这些集合的基数。

现在请问在下面这个集合里有多少个元素？

$$\{1,2,3,4,5,\cdots\}$$

如果你回答无穷多个,那么你的答案还不够准确,因为存在着各种各样的无限的集合。事实上,包含无穷多个基数的集合不计其数,它们被称为超限数。

正如名称所暗示的那样,超限基数是描述无限量的一种"数",任何有限数都不足以描述一个无限集合。两个集合如果它们的元素之间能够一一对应,不多也不少,那么我们就说这两个集合具有同样的基数。

例如

$$\{a\,,\,b\,,\,c\,,\,d\}$$
$$|\quad|\quad|\quad|$$
$$\{1\,,\,2\,,\,3\,,\,4\}$$

它们的基数为4,也就是在每个集合中含有4个元素。

集合 $A = \{1, 2, 3, 4, 5, \cdots, n, \cdots\}$

$\qquad\qquad | \quad | \quad | \quad | \quad | \qquad\quad |$

集合 $B = \{1^2, 2^2, 3^2, 4^2, 5^2, \cdots, n^2, \cdots\}$

集合A和集合B有同样的基数,因为两个集合的元素之间能够如图所示一一对应。这看起来似乎有点荒谬,因为集合A中有些数并不是完全平方数,但是一一对应之后,却没有元素留下来。

19世纪德国数学家康托尔(George Cantor)创造了一种适用于无限集的新数学体系,从而解决了上述悖论。他采用了符号$\aleph$(读阿列夫——希伯来字母表的第一个字母)作为无限集合中元素的"数量"。特别是,$\aleph_0$是最小的超限基数。

以下集合中元素的个数可表示为$\aleph_0$:

自然数集=$\{0, 1, 2, 3, 4, 5, \cdots, n-1, \cdots\}$

正整数集=$\{+1, +2, +3, +4, +5, \cdots, n, \cdots\}$

负整数集=$\{-1, -2, -3, -4, -5, \cdots, -n, \cdots\}$

整数集=$\{\cdots, -3, -2, -1, 0, 1, 2, 3, \cdots\}$

有理数集。

(以上 n 代表正整数)

上述集合都可以与自然数集一一对应,因此它们的基数均为$\aleph_0$。

以下例子显示了正整数集与自然数集之间的对应关系:

$\{1, 2, 3, 4, 5, \cdots, n, \cdots\}$正整数集

$| \quad | \quad | \quad | \quad | \qquad\quad |$

$\{0, 1, 2, 3, 4, \cdots, n-1, \cdots\}$非负整数集

自然数与正有理数之间的对应关系如下:

$\{1, 2, 3, 4, 5, 6, 7, 8, 9, \cdots\}$

| | | | | | | | |

$$\left\{ \frac{1}{1}, \frac{2}{1}, \frac{1}{2}, \frac{1}{3}, \frac{2}{2}, \frac{3}{1}, \frac{4}{1}, \frac{3}{2}, \frac{2}{3}, \cdots \right\}$$

下表显示了在前面集合中有理数的位置顺序:

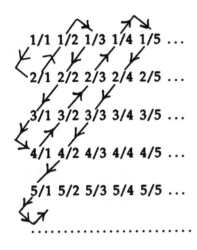

康托尔发明了有理数的排列方法。依照某种顺序,可以使每个有理数必在数列的某处出现

康托尔还发展了一种完整的超限数算术体系:

$$\aleph_0, \aleph_1, \aleph_2, \aleph_3, \cdots, \aleph_n, \cdots$$

他还证明了

$$\aleph_0 < \aleph_1 < \aleph_2 < \aleph_3 < \cdots < \aleph_n, \cdots$$

其中 $\aleph_1$ 是描述实数、一直线上的点、平面上的点及高维空间的任何一部分的点的基数。

169

逻辑问题

这是一道逻辑问题,其文字记载可追溯到8世纪。

一个农夫要带他的羊、狼和白菜过河。他的小船只能容下他以及他的羊、狼或白菜三者之一。如果他带狼跟他走,那么留下的羊将吃掉白菜。如果他带白菜走,则留下的狼也将吃掉羊。只有当人在的时候,白菜和羊才能与他们各自的掠食者相安无事。

试问农夫要怎样做才能把羊、狼和白菜都带过河?

(答案见附录)

雪花曲线

雪花曲线[①]因其形状类似雪花而得名,听上去它就是如此构造出来的。要想得到雪花曲线,就得先从等边三角形开始,如图A所示。把三角形的每条边三等分,并以中间的那条线段为底边,向外作新的等边三角形,但要如图B那

样去掉与原三角形重叠的边。继续对
每个向外凸出的等边三角形进行上述
操作,即在每条边三等分后的中段,如
图C那样向外画新的等边三角形。不
断重复这样的操作,便产生了雪花曲
线。

　　雪花曲线的独特之处是:它的面积
是有限的,但周长却是无限的!

　　雪花曲线的周长可以无限地增加,
但整条曲线却可以画在一张很小的纸
上,因为它的面积是有限的,实际上其
面积等于原三角形面积的$\frac{8}{5}$倍[①]。

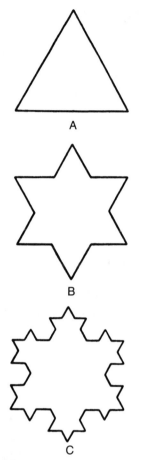

A

B

C

---

① 该结果的推导过程如下:假定原三角形面积为1,雪花曲线产生过程中各图形的边数依次为
$$3,3 \times 4,3 \times 4^2,3 \times 4^3,\cdots,3 \times 4^{n-1},\cdots$$

对于每一条边(第n个步骤)下一步骤都将增加$\left(\dfrac{1}{9}\right)^n$的面积。这样,雪花曲线所包围的面积为

$$S = 1 + \frac{1}{9} \times 3 + \left(\frac{1}{9}\right)^2 \times 3 \times 4 + \left(\frac{1}{9}\right)^3 \times 3 \times 4^2 + \cdots$$

$$+ \left(\frac{1}{9}\right)^n \times 3 \times 4^{n-1} + \cdots$$

$$= 1 + \frac{3}{9}\left[1 + \left(\frac{4}{9}\right) + \left(\frac{4}{9}\right)^2 + \cdots + \left(\frac{4}{9}\right)^{n-1} + \cdots\right]$$

$$= 1 + \frac{3}{9} \times \frac{1}{1 - \frac{4}{9}} = 1 + \frac{3}{5}$$

$$= \frac{8}{5}$$

即雪花曲线的面积为原三角形面积的8/5倍。——译注

172

零——始于何时何地

　　零这个数对于数的系统来说是必不可少的。但是,当数的系统刚被发明时,并没有自动包含零。事实上,古埃及人的数的系统就没有零。公元前1700年左右,60进制数的位置系统发展起来,古巴比伦人将其与他们的360天的日历相结合,并实现了复杂的数学运算,却一直没有设计零的符号,只是在需要放置零的地方留一个空位。大约在公元前300年,巴比伦人开始用 ⌉⌈ 作为零的符号。此后,玛雅人和印度人发展了数的系统,并首度用一个符号代表零,这个符号既起占位的作用,也起数零的作用。

玛雅人的零

巴比伦人的零

$=722=2(60)^2+0(60)+2$

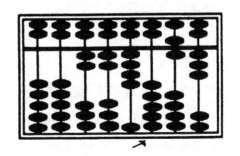

算盘上的零

173

帕普斯定理与
九币谜题

帕普斯定理:如果 A,B,C 为直线 l_1 上的点,而 D,E,F 为直线 l_2 上的点,则 P,Q 和 R 三点共线。

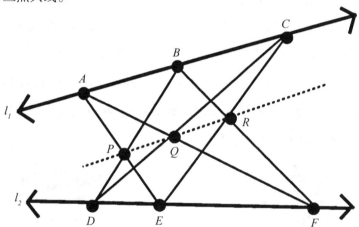

可以用帕普斯定理解"九币谜题"。

九币谜题:

重新排列以上九枚硬币,使它们从
原先8行每行3枚,变为10行每行3枚。

（答案见附录）

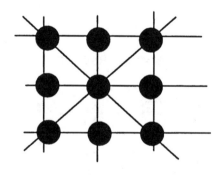

174

日本的幻圆

这个日本的幻圆源自关孝和的著作。关孝和是17世纪的一个日本数学家,他因发现微积分的一种形式及解方程组的矩阵算法而闻名。

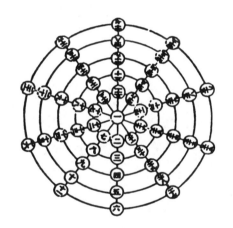

在幻圆中,每一条直径上的数的和相等。构成该幻圆的方法类似于高斯(Gauss)求前100个正整数的和所用的方法。

传说高斯在念小学的时候,他的老师给同学们出了一道题,即求前100个正整数的和。全班同学顿时忙碌起来,按惯例逐一相加。而高斯则端坐在自己的座位上思考着。老师以为他正在发呆,于是催促他抓紧计算。不料高斯

回答说,他已经解出了这道题。老师问他是怎么解的,高斯用下图解释了自己
的解题方法。

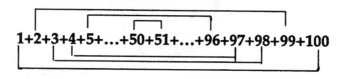

高斯将数依次配对,使得每对数的和均为101。他算出一共有50对。这样一
来,总和便是101 × 50 = 5050

球形圆顶与
水的蒸馏

几何形状被广泛运用于日常生活的方方面面。其中一个很独特的例子发生在离希腊不远的锡米岛上,那里有一个半球形状的太阳能蒸馏装置,每天为岛上的4000个居民提供大约每人1加仑①的淡水。

太阳的热量使海水池的海水蒸发,然后水蒸气凝结成淡水附着在透明的半球形圆顶的内侧,水滴沿着内侧面往下流,流到圆顶的边缘再收集起来。

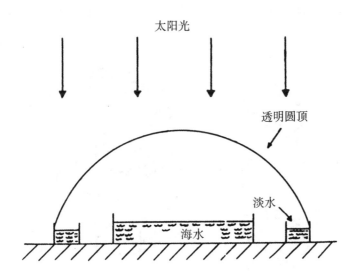

太阳光

透明圆顶

淡水

海水

---

① 1加仑约等于3.8升。——译注

螺线——数学
与遗传学

螺线是一种迷人的数学对象,它渗透到我们生活中的许多领域,如基因结构、扩张模型、运动姿态等,涉及自然界和制造业的方方面面。

要了解螺线,重要的是看它的构造。让一组形状完全相同的方砖沿着长边的方向依次连接,便会形成一个细长的方形柱子。如果所有方砖沿着侧面的一条棱斜劈一刀,那么砖柱会弯曲并绕成一个圆。而如果沿着砖的一个顶点与该顶点对面棱上的一点的连线斜劈一刀,那么砖柱将围绕一个中心轴盘

DNA双螺线

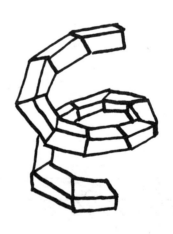

从顶点到对面棱斜劈后的砖块
可拼成一个三维螺线

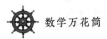

旋,形成一个三维的螺线。DNA(脱氧核糖核酸)——染色体最主要的组成部分,就是由两条这样的三维螺(线)构成。DNA有两条脱氧核苷酸链,两条链上的碱基以氢键相连,彼此交织成上述螺线结构。

螺线有很多种类型。笔直的方柱和圆柱都属于螺线的特殊形式。螺线可能向顺时针方向扭转(右旋)也可能向逆时针方向扭转(左旋)。一个右旋的螺线,如瓶塞钻,经过镜像之后,将变成左旋。

在我们的生活中随处可见各种不同类型的螺线。如螺线形楼梯、电缆、螺丝钉、螺栓、弹簧、螺母、缆绳、糖果棒等,它们有的是右旋,有的是左旋。螺线若是绕着圆锥旋进,则称为圆锥螺线。这种螺线可见于螺丝钉、床垫弹簧以及纽约古根海姆博物馆的螺线形通道[由赖特(Frank Lloyd Wright)设计]。

在自然界也能找到各种螺线——羚羊、公羊、角鲸和其他有角的哺乳动物的角,病毒、蜗牛和软体动物的壳,植物的茎、梗(如豌豆等)、花、果、叶等。人类的脐带也是一种三重螺线,它是由一根静脉管和两根动脉管向左盘绕而成的。

铁绿泥石晶体的构造

左旋螺线和右旋螺线缠绕在一起的现象并不罕见。忍冬(左旋)和常春藤(右旋)是共生植物。莎士比亚(Shakespeare)在《仲夏夜之梦》中惟妙惟肖的描写,使它们在人们心中成为了不朽:

提泰妮娅皇后对波顿说:"睡吧!我要把你抱在我的臂中……菟丝(常春藤的俗名)也正是这样温柔地缠附着芬芳的金银花(忍冬科植物)。"

再看看运动领域里出现的螺线。例如:龙卷风、旋涡、排水、一只松鼠在树上爬上爬下的路线,以及美国新墨西哥州卡尔斯巴德的洞穴中生活着的墨西哥蝙蝠的飞行线路等,都是螺线形。

自从螺线与DNA分子之间的联系被发现,在如此众多的领域里出现螺线的现象也就不足为奇了。在自然界中各式各样螺线的形式及其衍生模式,本身就是基因密码控制的结果,因此也是由大自然创造的。

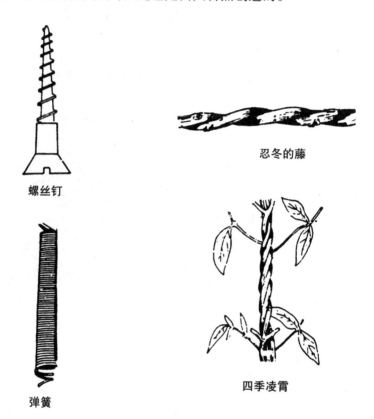

螺丝钉

忍冬的藤

弹簧

四季凌霄

幻 直 线

20世纪初,布拉顿(Claude F. Bragdon)发现幻方能够用来构造富有艺术美感的图案。他发现,如果将一个幻方中的数依次连接起来,会形成一种有趣的图案,它就是著名的幻直线。实际上幻直线并非一条直线,而是一个图案,倘若用颜色填充该图案,便能得到一些非常独特的图画。作为一名建筑师,布拉顿把幻直线用于建筑装修以及书籍和纺织品的设计。

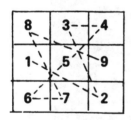

这是《洛书》中的幻直线。《洛书》是人类已知的最早的幻方,出自公元前2200年的中国

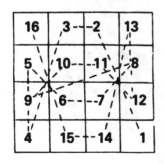

这是1514年丢勒所作幻方的幻直线

数学与建筑

　　大家都十分熟悉建筑物中经常用到的一些数学图形,如正方形、矩形、锥形和球形等,但有一些建筑结构的形状却十分少见。最鲜明的例子便是旧金山圣玛丽大教堂所用的双曲抛物面设计。该设计出自鲁安(Paul A. Ryan)、约翰·李(John Lee)以及罗马工程顾问奈尔维(Pier Luigi Nervi)、麻省理工学院的比拉斯奇(Pietro Bellaschi)等人。

圣玛丽大教堂

在剪彩仪式上,当奈尔维被问及米开朗琪罗[①](Michelangelo)会如何看待这座大教堂时,奈尔维回答道:"他不可能想到它,这个设计是源自那个时代尚未证明的几何理论。"

建筑物的顶部是一个2135立方英尺的双曲抛物面体的顶阁,墙体高出地面200英尺,由4根巨大的钢筋混凝土塔支撑着,塔体有94英尺是埋在地下的。每座塔承载着900万磅[②]的质量。墙体由1680个预制混凝土箱体制成,含有128种不同的规格。正方形底座为255英尺×255英尺。

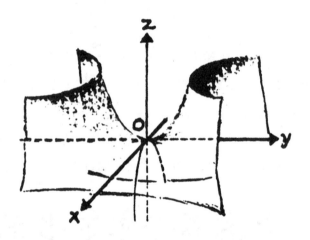

一个双曲抛物面由抛物面(一条抛物线绕它的对称轴旋转而成的平面)和一条三维的双曲线组合而成。

双曲抛物面的方程为:

$$\frac{y^2}{b^2} - \frac{x^2}{a^2} = \frac{z}{c}$$

$$(a, b > 0, c \neq 0)$$

---

① 米开朗琪罗是意大利著名的雕刻家、画家、建筑师和诗人。——译注

② 1磅≈0.45千克。——译注

视错觉的历史

　　19世纪的下半叶,在视错觉领域掀起了一股研究热潮。这期间物理学家和心理学家发表了大约200篇视错觉方面的论文,这些论文对视错觉及其产生原因作了细致的描述。

　　视错觉是由人们的思维、眼睛构造及两者的结合而产生的。我们所看到的并不一定是事实,重要的是,作判断时要通过实际测量进行验证,而不是仅

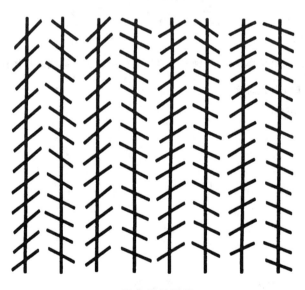

佐尔纳的错觉

凭感觉就得出结论。

上页这个错觉图曾经在19世纪激发了视错觉研究热潮。佐尔纳（Johann Zollner）是一位天体物理学家和天文学教授，他在彗星、太阳和行星的研究方面作出了许多贡献，也是光度计的发明者。他偶然间见到一块图案类似于上页图的编织物。图中纵向的线实际上是平行的，但看起来却并非这样。对这种视错觉的解释有以下几种：

1. 设置在平行线段上不同方向的锐角之间的差异；

2. 眼睛视网膜的曲率；

3. 有层次的线段使我们的视线时而集中时而分散，它造成了平行线段视觉上的弯曲。

人们发现，当斜的线段与平行线段成45°时，造成的视错觉尤为强烈。

这是一张著名的视错觉图，由漫画家希尔（W. E. Hill）创作，发表于1915年，它属于振荡错觉，因为我们的眼睛会在两个图像之间切换——一个年老的女人和一个年轻的女人

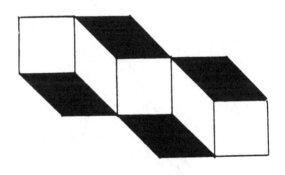

你能使涂黑的面既能变成立方体的顶面，也能变成立方体的底面吗

三等分角与等边三角形

几何中有着丰富的思想、概念和定理。发现几何体的性质是一件极为有趣的事情。例如,任取一个三角形,三等分它的三个角,然后研究三等分线所形成的图形。你注意到什么了吗?①

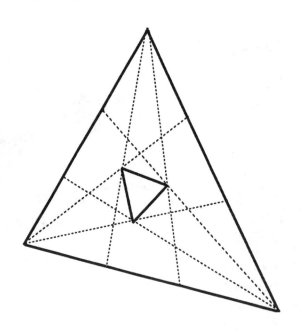

---

① 能够证明,这些三等分线总是会构成一个等边三角形,不论原三角形的形状如何。
　　——原注

柴棚、水井和
磨坊问题

从每座房子各分出三条路，一条通向水井，一条通向磨坊，而另一条通向柴棚。要求这些道路彼此不相交。你能解决这个问题吗？

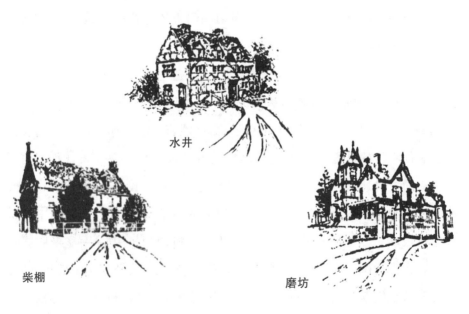

水井

柴棚

磨坊

（答案见附录）

现代计算机科学的达·芬奇

　　巴比奇(Charles Babbage)是一位英国数学家、工程师和发明家,被誉为现代计算机科学的达·芬奇。除了发明了第一台速度计、多种精密机械、分析机以及灯塔光束识别仪之外,他还花费了大量的时间用于制造能够进行数学运算和计算数学用表的机器。

　　巴比奇差分机的原始模型是用齿轮制作的,这些齿轮固定在轴上,由一根转动的曲柄带动,它的运算能力达到5位小数。不久之后,巴比奇又设计了更了不起的机器,运算精度达到20位小数,而且能将答案压印到铜质的刻写盘上。在制作零件的过程中,他成为一名技艺超群的技师,发展了性能优良的工具和精湛的技术,引领着现代技术。他对原有的零件和设计不断地加以完善,一直在推陈出新。由于他追求完美以及当时的技术水平有限,导致他未能做出最终的成品。当他放弃差分机时又萌生了分析机的想法①——能做所有的数学运算,具有1000个50位数字的记忆容量,能调用自身数据库中的数学表,能比较答案并依据指令进行判断。机器的执行结果能通过机械转换并打卡输出。虽然巴比奇没能实现自己的想法,但他的分析机的逻辑结构却被用于今

---

　　① 阿达·洛弗莱斯((Ada Lovelace),拜伦(Byron)的女儿)鼓励并协助巴比奇进行分析机研究。除了在经济上对巴比奇的工作予以资助外,她在数学方面的丰富知识和敏锐的洞察力,对于分析机的程序设计具有不可估量的价值。同等重要的是,她为了巴比奇的事业倾注了自己的全部热情。——原注

天的计算机。

　　分析机实际上代表了一类机器,它与我们今天的计算机原理相同。令人惊叹的是,巴比奇一心一意地开拓这个时代的思想,他设计机器,制造配件,构思出各个环节,还发展了程序设计所需要的数学原理。这真是一项杰出的工作! 为了表达对巴比奇的敬意,IBM公司专门建造了一台分析机的工作模型。

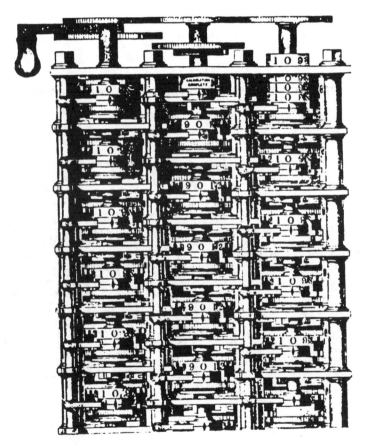

上图是巴比奇差分机的一部分,该机器于1823年开始建造,于1842年放弃

一个中国幻方

下图所示的是一个中国幻方①，它已有近400年的历史。这个幻方可用阿拉伯数字表示为：

27	29	2	4	13	36
9	11	20	22	31	18
32	25	7	3	21	23
14	16	34	30	12	5
28	6	15	17	26	19
1	24	33	35	8	10

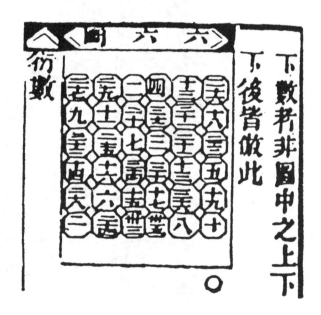

---

① 此图来自于原书，但存在一些问题，与阿拉伯数字幻方的数字不对应，且数字重复。——译注

无 穷 与 极 限

　　下图显示:在圆外面作外切正多边形,又在正多边形外面作外接圆,再作外切正多边形再作外接圆,不断重复以上操作。后一个正多边形的边数比前一个多边形的边数加1,似乎圆的半径会无限增大,但事实上半径的增大趋于一个极限,极限值大约等于初始圆半径的12倍。

假币谜题

有10堆银币,每堆10枚。已知一枚真币的重量,也知道每枚假币比真币重1克,而且你还知道其中有一堆全是假币,你有一台秤,这台秤精确到克。试问最少需要称几次才能确定出哪一袋是假币?

(答案见附录)

帕台农神庙

公元前5世纪的古希腊建筑师是运用视错觉和黄金分割的能手。这些建筑师发现，一个笔直的建筑结构，在我们的眼睛看来未必显得是直的。这种扭曲是我们的视网膜的曲率所造成的，当直线构成一定的夹角，而我们用眼睛看它时，便会误以为它扭曲了。帕台农神庙就是其中最为著名的例子，它展示了古代的建筑师如何对那些由视错觉造成的扭曲进行校正。帕台农神庙的圆形柱子实际上是向外倾斜的，神庙的矩形基座的边也是如此。

帕台农神庙

193

图 A 是如果建筑师不加以调整的话,帕台农神庙看起来的样子。由于进行了上述校正,整个建筑和圆柱便显得笔直而令人赏心悦目。

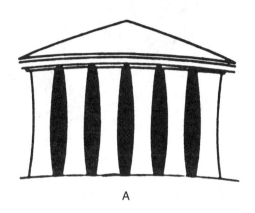

A

古希腊的建筑师和艺术家们也发觉,黄金分割和黄金矩形①会使建筑物和雕塑更具美感。那时他们已经掌握了黄金分割的知识,如怎样构建,怎样估算,以及怎样利用它作黄金矩形等。帕台农神庙就体现了黄金矩形在建筑物中的应用。图 B 显示,帕台农神庙的尺寸与黄金矩形几乎完全吻合。

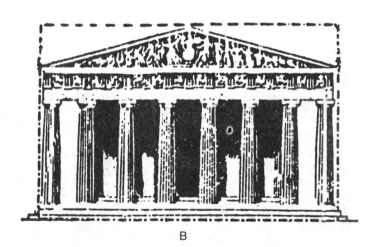

B

---

① 更多的信息请见"黄金矩形"一节。——原注

概率与
帕斯卡三角形

以下是由六边形的砖拼成的三角形，它以一种独特的方式形成帕斯卡三角形。球从顶部的容器下落，绕过六边形的砖在底部堆积起来。对于每个六边形，球向左或向右滚落的概率相同。

如图所示，球的分布与帕斯卡三角形上的数成正相关。在底部收集到的球会呈现钟形的正态分布曲线。这种曲线可以用于诸如保险公司的保额设置、分

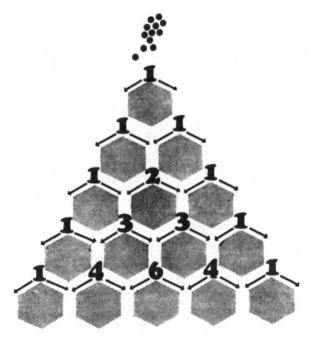

子行为的科学研究,以及人口分布的宏观探索等。

拉普拉斯(Pierre Simon Laplace)把概率定义为:一个事件产生的基本结果数与该事件所有可能的基本结果总数的比。因此,当我们掷一枚硬币的时候,得到正面的概率为:

$$\frac{1}{2}$$ ——— 得到硬币正面的结果数
——— 可能的结果(正面和反面)总数

帕斯卡三角形可以用于计算不同的组合数和所有可能组合的总数。例如,朝空中投掷4枚硬币,出现正反面可能的情形如下:

4个正面——正正正正=1

3个正面与1个反面——正正正反、正正反正、正反正正、反正正正=4

2个正面与2个反面——正正反反、正反反正、反正正反、正反反正、反正反正、反反正正=6

1个正面与3个反面——正反反反、反正反反、反反正反、反反反正=4

4个反面——反反反反=1

在帕斯卡三角形中,从上往下数第5行恰好对应了这一概率分布——1,4,6,4,1。这些数的和即表示掷4枚硬币所有可能的基本结果的总数=1+4+6+4+1=16。于是,掷出3正1反的概率便是:

$$\frac{4}{16}$$ ——— 3正1反的可能组合数
——— 所有可能组合的总数

对于更复杂的组合,就帕斯卡三角形而言,只是一种简单的延伸,但它却能应用于牛顿二项展开式。帕斯卡三角形包含了二项展开式$(a+b)^n$的系数。例如,要找出$(a+b)^3$的系数,只要看帕斯卡三角形第4行[顶行为$(a+b)^0=1$]。在该行可以找到1,3,3,1,它正是我们要找的系数:

$$(a+b)^3 = 1a^3 + 3a^2b + 3ab^2 + 1b^3$$

n次二项展开式的系数便是帕斯卡三角形的第$n+1$行。

二项展开式

$$(a+b)^n = a^n + na^{n-1}b + \frac{1}{2}n(n-1)a^{n-2}b^2 + \cdots + b^n$$

第 r 项系数为：

$$\frac{n!}{r!(n-r)!}$$

从 n 个物体中一次取出 r 个的组合数是：

$$C_n^r = \frac{n!}{r!(n-r)!}$$

例如，从10个物体中一次取3个的组合数为

$$C_{10}^3 = \frac{10!}{3!(10-3)!}$$

$$= \frac{10\cdot9\cdot8\cdot7\cdot6\cdot5\cdot4\cdot3\cdot2\cdot1}{3\cdot2\cdot1\cdot7\cdot6\cdot5\cdot4\cdot3\cdot2\cdot1} = 120$$

也就是说，从10个物体中每次取3个有120种组合，这就是帕斯卡三角形的第11行第4个数字120。

渐 开 线

把一根绳子绑在一个固定的圆轴上,然后让绳子绕圆轴运动且始终与圆轴相切,则绳子的端点会描出一条曲线,它便是渐开线。在自然界里有许多渐开线的例子,例如棕榈叶尖、鹰嘴、鲨鱼的背鳍等。

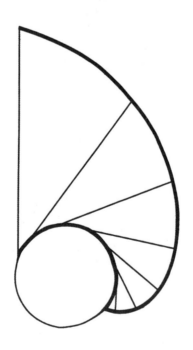

五边形、五角星形与黄金三角形

由一个正五边形开始,画它的对角线,便会产生一个五角星形。在五角星形中存在着许多黄金三角形,这些黄金三角形将五角星形的边进行黄金分割。

黄金三角形是一个等腰三角形,它的顶角为36°,每个底角为72°。它的腰与底成黄金分割比。当底角被平分时,角平分线也将对边进行了黄金分割,并形成两个较小的等腰三角形。这两个三角形之一与原三角形相似,而另一个三角

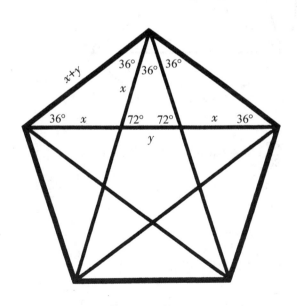

形可用于产生螺旋形曲线。

平分新的黄金三角形的底角并不断重复这样的操作,会产生一系列黄金三角形,并形成一条等角螺线。[1]

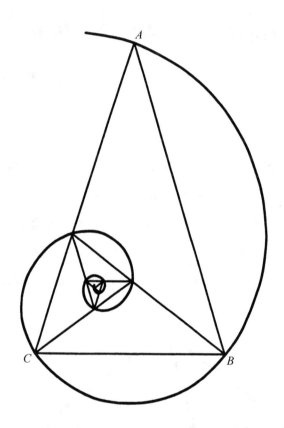

$$\frac{AB}{BC} = 黄金分割比 \, \phi = \frac{(1+\sqrt{5})}{2} \approx 1.618\,033\,9\cdots$$

---

[1] 请见"黄金矩形"一节有关等角螺线的信息。——原注

三人面墙问题

三个人面朝墙站成一条垂直于墙的直线,并将眼睛蒙起。然后从装有三顶茶色帽子和两顶黑色帽子的箱中取出三顶让他们三人戴上,并将以上信息告知他们。接着把他们眼睛上的蒙布拿掉,并要求每人说出各自所戴帽子的颜色。

离墙最远的那个人,他看到了前面两人的帽子后说:"我不知道我所戴帽子的颜色。"离墙第二远的那个人听到了上述回答,又看到了前面的人戴的帽子,也回答自己不知道。而第三个人,虽然他看到的只是墙,但他听到了前面两人的回答,却说:"我知道自己所戴帽子的颜色。"

试问,他所戴的帽子是什么颜色? 又是怎样确定的呢?

(答案见附录)

几何的谬误与
斐波那契数列

如果一个正方形的边长是由两个连续的斐波那契数的和构成,那么就会出现一个有趣的几何谬误。

例如:

1.用连续的两个斐波那契数5和8。

2.构成一个13×13的正方形。

3.如下左图剪开,并如下右图拼合。现在计算正方形与矩形的面积,会发现正方形面积要比矩形面积大1个单位。

4.对斐波那契数21和34进行同样的操作。这种情形下矩形面积要比正方形面积大1个单位。

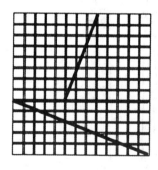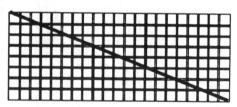

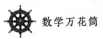

　　这1个单位的盈缺,将在正方形面积与矩形面积之间交错出现,是盈是缺有赖于我们所用的是哪两个连续的斐波那契数。①

---

① 由相继的斐波那契数所形成的比的数列:

$$\frac{1}{1},\frac{2}{1},\frac{3}{2},\frac{5}{3},\frac{8}{5},\frac{13}{8},\cdots,\frac{F_{n+1}}{F_n},\cdots$$

其值交错地小于或大于黄金比值。该数列的极限为黄金比$\frac{1+\sqrt{5}}{2}$。

更多的信息可见"黄金矩形"一节。——原注

迷 宫

　　迷宫在今天只是一种供人消遣的谜题,但早期的迷宫却使人感到神秘、危险和惶惑。迷宫里的人很容易在那错综复杂、迂回曲折的通道上迷失方向,或突然遭遇潜伏于迷宫内部的巨型怪兽。在古代,人们常常构筑迷宫以保卫要塞,入侵者将被迫在迷宫中绕行一段很长的距离,这样便容易暴露并遭受阻击。

　　经过几个世纪,迷宫遍布于世界上不同的国家和地区:

● 爱尔兰罗克瓦利的石雕——约公元前 2000 年。

● 克里特岛上的米诺恩迷宫——约公元前 1600 年。

● 意大利的阿尔卑斯山、庞贝古城、斯堪的纳维亚半岛。

● 威尔士和英格兰的草地迷宫。

● 在欧洲的教堂地板上的摩西迷宫。

● 非洲人的织物迷宫。

● 亚利桑那州的印第安人石雕。

　　今天,心理学和计算机设计领域的研究者对迷宫尤其感兴趣。心理学家用迷宫对人类和动物的学习行为研究了几十年。计算机专家在设计智能机器人时,第一步就是让它能够解迷宫问题,此后再进一步提高其学习能力。

汉普顿宫廷花园

拓扑学是数学的一个领域,它将迷宫视为网络拓扑的一个分支(用画图的方法解题)。若尔当曲线经常被误认为迷宫。在拓扑学中我们知道,若尔当曲线是由一个圆经扭转、弯曲和环绕(但不自交)而得,它有内外之分。更像一个圆而不像一个迷宫。要从若尔当曲线的内部走到外部,无论如何必须跨越曲线。

既然要机器人解迷宫,那就必须总结出一套解迷宫的思维体系。

解迷宫的方法:

1. 对一个简单的迷宫,只要遮掉你所见到的小路和环圈,留下的路将会通向终点,接下来只要选择最近路就可以了。如果迷宫比较复杂,那么这种方法用起来就比较困难。

2. 始终保持贴着一侧的墙(左侧或是右侧均可)走过迷宫。这个方法相对简单,但并非对所有的迷宫都适用。例外的情形有:

a. 该迷宫有两个入口,而且有一条路线到达不了终点,却连接着两个入口。

b. 迷宫的路线中带有环形回路,或环绕终点的路线。

3. 法国数学家特雷莫(M. Trémaux)设计了一种解任意迷宫的通用方法。步骤如下:

a. 在你走过的迷宫路线的右侧画一条线;

b. 当你走到一个新交叉点时,你可以选取任意一条你想走的路线;

c. 如果你在新的路线上又回到旧的交叉点或死胡同,那就掉转回头;

d. 如果你在旧路上走到一个旧的交叉点,那就取任意一条新路(假如有的话),否则就取一条旧路;

纳瓦霍人的地毯上绘制的迷宫

e. 绝不进入一条两侧都做了标记的路。

以上方法虽然简单,但却要花费不少时间。

无论是用双腿走的迷宫还是用手上的铅笔画的迷宫,它们都是对思维的挑战和刺激,其乐无穷。

这幅伦敦的迷宫图刊登于 1908 年 4 月号的《斯特兰德杂志》,原图配有以下说明:"旅游者由滑铁卢路进入,而他的目的地是保罗大教堂。途中不可以跨过任何因整修道路而设置的路障。"

滑铁卢路

中国"棋盘"

图中有一块类似棋盘的方格板,是古代中国人用来计算的计算板。在历史上,中国人最早发明了解联立方程组的方法。

他们在方格板上放置一些算筹,然后运用基于矩阵的法则来解题。

圆锥曲线

有些人会感到疑惑：为什么数学家对一个问题或想法穷根究底，仅仅是出于兴趣或好奇？回顾一下古希腊的思想家，我们发现他们会认真细致地研究一个问题，并不急于考量其应用价值，而是出于兴趣、热情或挑战。圆锥曲线的研究就是其中一个例子。

他们最初对圆锥曲线的主要兴趣在于解决古代的三大作图问题——化圆为方、倍立方和三等分角问题。这些问题在当时没有什么应用价值，但是它们很有挑战性，可以启发数学思想。很多数学思想在相当长的时间里都体现不出自身的价值。圆锥曲线产生于公元前3世纪，然而直至17世纪数学家们才以它为基础建立起函数曲线的理论体系。例如，开普勒用椭圆描述行星的轨道，而伽利略发现抛物线与地球上抛物运动的轨迹相吻合等。

在宇宙中有许多圆锥曲线的例子。人们最熟悉且十分有趣的例子就是哈雷彗星。

1704年，哈雷（Edmund Halley）分析手头彗星轨道资料之后，得出结论：1682年、1607年、1531年、1456年等年份观察到的是同一颗彗星，它沿椭圆形的轨道绕太阳运行，每运转一周约76年。他还成功地预言了这颗彗星将于1758年回归。于是这颗彗星就成为了世人所知的哈雷彗星。新近的研究还表明，早在公

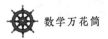
元前613年,中国人就已记录到了哈雷彗星。

下图表明,当一个平面与双圆锥相交时会产生圆、椭圆、抛物线和双曲线。

问题:一个平面要怎样与圆锥相交才能产生一条直线、两条相交直线或者一个点?

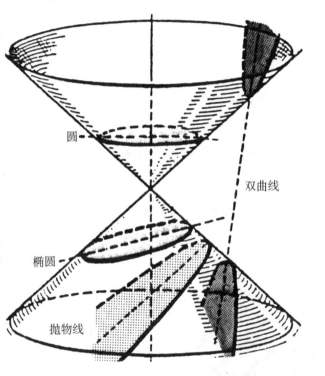

圆锥曲线的例子

抛物线
- 水喷出时形成的弧线
- 手电筒的光投射在平面上的形状

椭圆
- 某些行星和彗星的轨道

双曲线
- 某些彗星和另一些天体的轨道

圆
- 池塘里的波纹
- 圆形的轨道
- 轮子
- 自然界中的物体

阿基米德螺旋装置

将阿基米德螺旋装置浸入水中并旋转摇柄，便能把水抽上来。现在世界上有不少地方仍然用它进行灌溉。

阿基米德是希腊的数学家和发明家。他发现了杠杆原理和滑轮原理，这个原理启发后人发明了能将重物轻松提到高处的机械。他还发现了将物体浸入水中进行体积测量的方法、流体静力学原理、浮力原理、微积分思想，还发明了弩炮以及能够会聚太阳光的镜子。

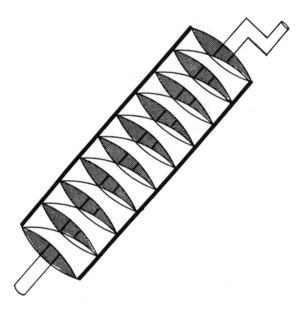

映射视错觉

视错觉的产生是人们的注意力和眼睛的构造两者造成的。当我们观察一个明暗相间的物体时,眼睛里的液体不是完全透明的,光线进入视网膜途中会发生散射。结果视网膜成像时,明亮的区域便被放大,并照亮一部分暗区。这样一来,亮区就显得比同等大小的暗区要大一些,就像下图所示的那样。这也解释了为什么穿深色的衣服,特别是黑色的,比穿同等式样的浅色或白色衣服,会使人显得更为苗条。这种错觉称为映射,它是由19世纪德国的物理学家和生理学家亥姆霍兹(Helmholtz)发现的。

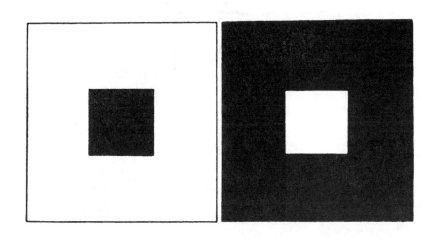

毕达哥拉斯定理
与加菲尔德总统

加菲尔德(James Abram Garfield)是美国第20任总统,他对数学也怀有浓厚的兴趣。1876年,当他还是一名众议员的时候,他就找到了毕达哥拉斯定理[①]的一种有趣的证明。该研究发表在《新英格兰教育杂志》上。

用两种方法计算同一个梯形的面积:

方法一:梯形面积 $= \frac{1}{2}$(上底+下底)×高。

方法二:把梯形分为3个直角三角形,并计算这3个直角三角形的面积。

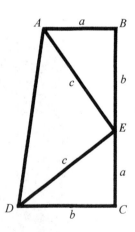

---

① 见"毕达哥拉斯定理"一节。——译注

证明

作梯形 $ABCD$，使 $AB/\!/DC$ 且 $\angle C$ 和 $\angle B$ 为直角，并用 a,b,c 表示有关的长度(见上图)。

用上述两种方法计算梯形面积，则

方法一的面积=方法二的面积，

$$\frac{1}{2}(a+b)(a+b) = \frac{1}{2}ab + \frac{1}{2}ab + \frac{1}{2}c^2$$

$$(a+b)^2 = ab + ab + c^2$$

$$a^2 + 2ab + b^2 = 2ab + c^2$$

即证得 $\qquad a^2 + b^2 = c^2$

亚里士多德的
轮子悖论

在轮子上有两个同心圆。轮子滚动一周,从 A 点移动到 B 点,这时 AB 相当于大圆的周长。此时小圆也正好转动一周,并走过了长为 AB 的距离。这不是表明小圆的周长也是 AB 吗?

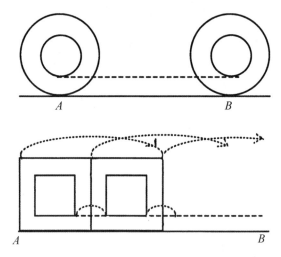

伽利略对亚里士多德轮子悖论的解析:

伽利略是借助正方形"轮子"进行分析的,他考虑的是两个同心的正方形。当大正方形翻动 4 次(横贯正方形轮子的周长 AB)时,我们注意到小正方形被带着跳过了 3 段空隙。上图说明小圆是怎样被带着走了长为 AB 的距离,所以 AB 不能代表它的周长。

巨石阵

在英格兰的索尔兹伯里平原上,屹立着一个雄伟壮观的石头建筑,它就是闻名于世的巨石阵。这些石柱始建于公元前2700年,共分三个阶段建造,最后约于公元前2000年建成。

建造巨石阵是出于什么目的? 对于使用者和建设者而言,它意味着什么? 莫非它是:

● 一座宗教神殿?

● 一座观测日月星辰的天文台,用来观察冬至和夏至日出日落的位置?

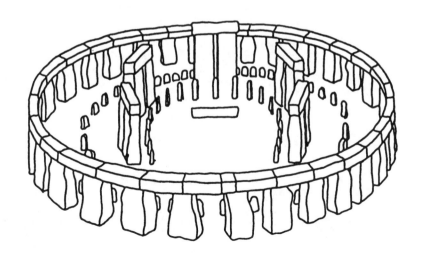

● 一种月历?

● 一台预测日食或月食的原始计算机?

由于巨石阵的建设者和使用者们都没有留下文字记载,所以人们无法知道它的真正用途。由于线索很零碎,所以所有的论断都仅限于推测。然而有一点却是可以肯定的,那就是建造者已经掌握了关于几何和测量方面的知识。

维度有多少？

艺术是多种多样的，像早期的洞穴壁画、拜占庭时期的圣像画、文艺复兴时期的油画，以及印象派艺术家的作品等，它们要么是二维的，要么是三维的。然而艺术家、科学家、数学家和建筑师却各自采用不同的诠释手段，表达四维空间的理念。其中一个例子就是称为超立方体的立方体思维画，它是建筑师布拉顿（Claude Bragdon）于1913年绘制的。布拉顿将超立方体画和其他的四维图案融入自己的作品中。他设计的罗切斯特商会大厦（位于美国纽约州）就是其中一个例子。

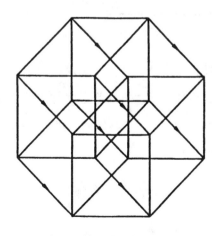

布拉顿的超立方体

一直以来,人们总是喜欢探究三维之外是否还存在其他更多的维度。在数学家看来,这种可能性是完全符合思维逻辑的。

　　例如,零维物体,即一个点,将这个点向左或向右移动一个单位,便形成一条线段,而线段就是一维物体。将线段向上或向下移动一个单位,便会形成一个正方形,而正方形就是二维物体。按同样的方式继续下去,把正方形向里或者向外移动一个单位,便会形成一个立方体,它就是一个三维物体。下一步要想象移动这个立方体,使其朝第四维的方向移动一个单位,以产生一个超立方体,也称作立方镶嵌体。用同样的方式,人们可以得到超球,即四维球体。但数学并没有止步于四维,而是进一步考虑 n 维。将不同维度下物体的顶点、棱和面的数据进行归纳整理,便可得到令人惊叹的数学图案。

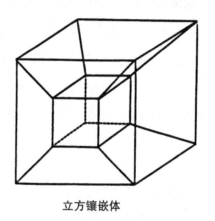

立方镶嵌体

　　第四维存在的可能性使许多人感兴趣。艺术家和数学家试图想象并描绘物体在第四维的模样。立方镶嵌体和超立方体都是立方体的四维表达。画在纸上的立方体其实是一个透视图像(它展示了物体的三维特征)。同理,画在纸上的立方镶嵌体也是一种透视的思维。

计算机与维数

人类本身是三维生物,所以很容易想象和理解三维物体。尽管从数学角度考虑,三维之外还有维度,但是对于无法看到或想象的东西,人们还是难以接受的。计算机则可用来帮助我们想象高维物体。例如,班科夫(Thomas Banchoff)(一位数学家)和施特劳斯(Charles Strauss)(一位计算机科学家)在布劳恩大学用计算机演示出一个超立方体进入和退出三维空间的动态图。由此人们可以从不同的角度去捕捉超立方体在三维世界中的各种不同图像。它类似于一个立方体(三维物体)从不同的角度穿过一个平面(二维世界)。把它被平面所截的截痕记录下来,这有助于处于二维空间的生物认识三维的物体。

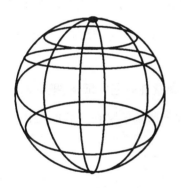

一个球穿过一个平面(二维)时留下的不同的痕迹,它类似于一个超立方体穿过三维空间

现在我们已经有了三维物体的二维全息图。这种全息图现在已被用于广告和图像。或许在将来,还会出现三维的全息图用于勾勒四维物体。

你是否想象过你最要好的朋友是一个四维生物,但他却以三维生物的形象站在你的面前?

"双层"默比乌斯带

拓扑学是研究物体变形(拉伸或皱缩)后保持不变的那些性质。与欧几里得几何不同,拓扑学不涉及大小、形状,它研究的是弹性对象,这就是为什么人们说它是橡胶膜上的几何学。默比乌斯带是17世纪德国数学家默比乌斯设想出来的,它是拓扑学研究的对象之一。取一张纸条,把它扭转半圈并将两端粘在一起,一个默比乌斯带便做成了。它与众不同的地方在于,它只有一个面。我们能用一支铅笔笔不离纸地描遍整个表面。

下面让我们考虑"双层"的默比乌斯带。取两条叠在一起的纸条,把它们同时扭转半圈,然后把两端粘在一起,整体看起来像是两条紧贴在一起的默比乌斯带。然而果真是这样吗?

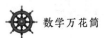

请做一个像上图那样的模型并检验一下：把你的手指放进两条带的中间隔层并移动，看它们是不是交织的。再拿一支铅笔沿其中一条画线直至到达出发点的背面，看会发生什么情形。

如果你想要解开它们，结果会怎样？

填满空间的曲线

曲线通常被认为是一维的,它是由零维的点构成。从这个意义上讲,如果说一条曲线能够填满整空间,似乎就前后矛盾了。欧几里得曲线是在一个平面上的。那个时代的数学家还没有想到曲线可以像下图这样呈现出来。

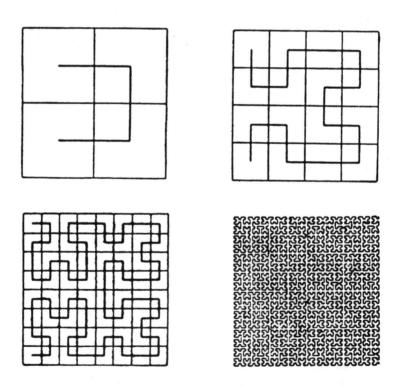

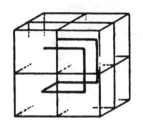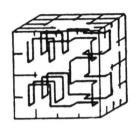

上述例子显示了曲线填满空间的步骤,它由图示的特殊方式连续地自我衍生,并逐渐填满整个立方体空间。

算　盘

　　算盘是最为古老的计算工具之一,也被称为古代的计算机。这种古老的计算工具曾经在中国和其他亚洲国家使用,可用于加、减、乘、除及求平方根和立方根等运算。算盘有许多不同的类型,如阿拉伯算盘,在每根小柱上有10颗算珠,没有中隔。据历史记载,古希腊人和古罗马人也曾用过算盘。

　　中国的算盘一般含有13档算珠,当中有一根横木隔开。每档在横木下方有5颗算珠,在横木的上方有2颗算珠。每档的一颗上珠,等同于5颗同档的下珠。例如,在十位档上的一颗上珠,其值为5×10即50。

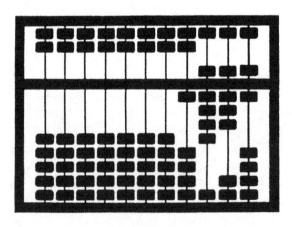

这个算盘上算珠所代表的数为1986

数学与编织

数学是如何体现在编织中的呢?

纺织工会有意识地从数学角度研究织物的设计吗? 仔细观察以下织物的图案,可以发现其中包含许多数学概念:

- 对称
- 镶嵌
- 几何形状
- 相似形
- 镜像

印第安人(索逊部落)设计的图案

印第安人(奥诸布维部落)设计的图案

刚果人设计的图案

印第安人(波达瓦托米部落)设计的图案

在这些织物图案中你能发现上述数学思想吗？你还能从中发现其他的数学思想吗？

梅 森 数

在 17 世纪,法国数学家梅森(Marin Mersenne)发现了一个 69 位的素数。1984 年 2 月,一个数学家团队成功地用计算机解决了这个历经三个世纪的古老谜题。在经过 32 小时又 12 分钟的运算之后,梅森数的三个因子(见下表)终于被发现。

梅森数

132 686 104 398 972 053 177 608 575 506 090 561 429 353 935 989 033 525 802 891 469 459 697

因子:

178 230 287 214 063 289 511 和 61 676 882 198 695 257 501 367 和 12 070 396 178 249 893 039 969 681

这个技术却令密码研究者感到担忧,因为许多密码系统为了保持密码的安全性而选用了一些位数很多而又难以分解的数进行加密。

求数的因子就是将该数换算成较小素数的乘积。这项工作对于较小的数而言较为简单,可用小于该数的素数来试除。但对于较大的数,则需要另想办法。这是因为随着数越来越大,前述方法的计算量将呈指数增加。对于一个有

60位的数,即使用每秒运算10亿次的计算机,也得花几千年的时间。

　　1985—1986年,西尔弗曼(Robert Silverman)和蒙哥马利(Peter Montgomery)发现了一种用微型计算机求因子的方法,既不需要特制的计算机,也不需要昂贵的超级计算机。他们的方法非常快捷,而且成本低廉。最新的成绩之一就是利用8台微型计算机运行150小时,求出了81位数的因子。

七巧板谜题

请用一副七巧板拼出下面这些图形。

无穷对有穷

下图显示如何使半圆上的点与一直线上的点一一对应。半圆的周长 5π 是一个有限的长度,而切于半圆的直线长度却是无限的。以半圆圆心 P 为端点画一条射线与直线和半圆分别相交,两个交点之间形成一一对应的关系。当射线绕 P 点转动,越接近 PQ,它与直线的交点就越远。

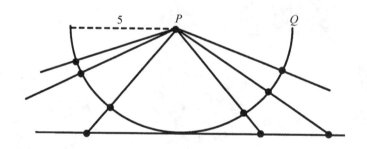

当射线成为 PQ 时[①],会发生什么情况呢?

---

① 此时射线平行于直线。——原注

三角形数、四边形数与五边形数

人们给数贴上了各式各样的标签。其中有些名称是来自它们所构成的几何对象的形状。如下图所示，$1,3,6,10,15,21,\cdots$ 个点可以形成一个等边三角形，因此这些数是三角形数。完全平方数，即 $1^2=1,2^2=4,3^2=9,\cdots$ 可构成正方形。

每一组数都与一种图形相关。试找出其他与几何图形相关的数列，然后看看它们对应哪种图形。

三角形数：

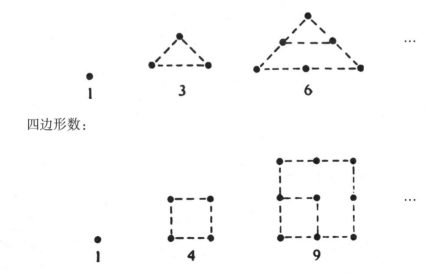

四边形数：

五边形数:

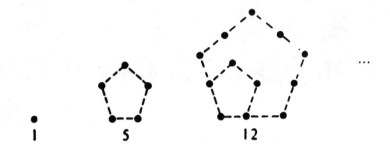

1   5   12   ...

埃拉托色尼
测量地球

公元前200年,埃拉托色尼设计了一种测量地球周长的巧妙办法。

为测出地球的周长,埃拉托色尼运用了几何知识,尤其是这个定理:

两平行直线为另一条直线所截,则所形成的内错角相等。

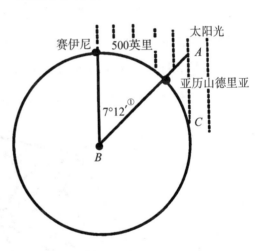

他发现每年夏至正午时分,竖立在埃及赛伊尼的杆子没有影子,而此时竖立在500英里外的亚历山德里亚的杆子其影子末端与杆子末端的连线与杆子夹角为7°12′。根据这一信息,他算出了地球的周长,计算结果的误差小于2%。

计算方法:

由于光线是平行照射的,所以上图中内错角∠CAB与∠B相等。这样,赛伊尼和亚历山德里亚之间的距离与地球周长的比值为 $\frac{7°12′}{360°} = \frac{1}{50}$。因此地球的周长便是500英里×50 = 25 000英里。

---

① 作者也许是为了方便标注文字信息以及进行几何分析,将∠B放大了,实际的7°12′是一个很小的角。——译注

射影几何与
线性规划

借助射影几何和方程组,贝尔实验室的数学家卡马克(Narendra Karmarkar)发现了一种快速解决非常繁杂的线性规划问题的方法,大幅节省了运算时间。例如给通信卫星定时、为空乘人员排班,以及接通数百万部长途电话等。

数学家丹齐克(George B. Danzig)于1947年所提出的单纯形法[①]一直被沿用至今。这种方法运算时间非常长,对于复杂的问题无能为力。数学家把这类问

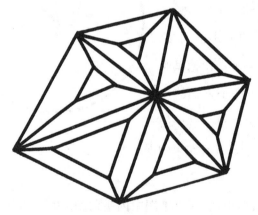

一位艺术家诠释的几何体及其复杂的表面

---

① 单纯形法最早是苏联数学家康多罗维奇(Kantorovich)于1939年提出的。康多罗维奇还因在运筹学上的贡献而获得了1975年诺贝尔经济学奖。文中所提到的卡马克算法,数学界普遍把这一成就归于苏联青年数学家哈奇扬(Khachyian)。哈奇扬的算法也称"椭圆算法"(1979)。——译注

题想象成一个复杂的几何体,这个几何体有千千万万个面,每个面上的每一个顶点都表示一种可能的解。算法的任务就是在不计算每一个解的情况下求出最佳的解。丹齐克的单纯形法则是沿着几何体的棱,逐一检验顶点,并逐步趋向最佳解。在大多数问题中,只要变量不多于 20 000 个,用这种方法处理效果都不错。

卡马克算法①的思路是,穿过几何体的内部取一条捷径。先在内部随机选择一个点,通过算法使整个结构重新排列,也就是把问题变化一下,使所选的点成为中心。下一步是在最佳解的方向上找一个新的点,然后重新排列,使新的点成为中心。除非变形已经结束,否则每次的最佳移动路线都是不确定的。这种基于射影几何原理的反复变形能快速地找出最佳解。

---

① 算法是一种为求解而进行的计算过程。例如,长除法的过程和步骤就是一种算法。在长除法中,我们需要在脑海中寻找各种捷径和简便运算。如我们用 29 去除 658,人们会想 29 接近 30,那么在 65 中有几个 30 呢?这比算出在 658 中有多少个 29 便捷得多,几乎可以立即得出答案。卡马克算法也有其特殊的捷径,它是建立在转换和变形的基础上的。——原注

蜘蛛与苍蝇问题

杜德尼是19世纪英国著名的谜题创作者。在今天大多数的谜题书中都有他的珍品,只是往往荣誉却不归他。1890年,他与美国著名的谜题专家劳埃德合作发表了一系列谜题文章。

杜德尼的第一本书《坎特伯雷趣题》出版于1907年,此后又陆续出版了5本,它们成了趣味数学宝库。

"蜘蛛和苍蝇"问题最早刊登在1903年的英国报纸上,它是杜德尼最有名的谜题之一:

在一间30英尺×12英尺×12英尺的长方体房间内,一只蜘蛛在一面墙的中间离天花板1英尺的地方。

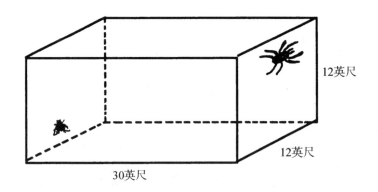

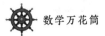

苍蝇则在对面墙的中间离地板1英尺的地方。苍蝇是如此害怕,以至于无法动弹。

试问,蜘蛛为了捉住苍蝇需要爬的最短距离是多少?(提示:它少于42英尺)

(答案见附录)

数 学 与 肥 皂 泡

哪一类数学概念与肥皂泡相关呢？肥皂膜的形状受表面张力的控制。表面张力总是使表面积尽可能小，这将导致裹着一定量空气的肥皂膜的表面积尽可能小。这就解释了为什么单个肥皂泡总是球状的，而一大堆肥皂泡聚集在一起却有不同的造型。在肥皂泡沫中，肥皂泡的边界之间相交成120°，这称为三联点。在一个三联点，有三条线段相交，两两相交成120°角。许多自然现象（例如鱼鳞、香蕉的内部、玉米粒的排列、海龟壳等）也都有三联点，这堪称自然界的一个平衡点。

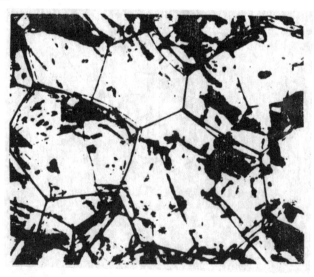

硬币悖论

顶上的硬币绕下方的硬币滚动半圈,人们通常会以为图案会是朝下的,结果硬币中的图案位置与开始时一样!

取两枚硬币并滚动看看。你能解释图案为什么不朝下吗?

立方体展开图

立方体展开图是一个由 6 个正方形组成的平面图形。取一个体积为 1 立方单位的立方体，沿着其 12 条棱中的 7 条将它剪开，然后摊平，就能得到一个立方体展开图。选择不同的棱剪开，就会得到不同的立方体展开图，下图展示的是其中几种。

你知道一共有多少种立方体展开图吗？

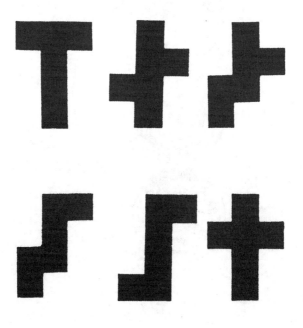

斐波那契数列
与大自然

斐波那契数列在自然界中频频出现,人们不禁猜测这绝非偶然。

1. 细察下列各种花,它们的花瓣数为斐波那契数:延龄草、野玫瑰、血根草、大波斯菊、毛茛、耧斗菜、百合花、鸢尾花。

2. 仔细观察以下花的类似花瓣部分,它们也具有斐波那契数:紫菀、雏菊、天人菊。

斐波那契数经常与花瓣的数目相关联:

3 ·············· 百合花和鸢尾花

5 ·············· 耧斗菜、毛茛、飞燕草

8 ·············· 翠雀花

13 ·············· 金盏花

21 ·············· 紫菀

34,55,84 ·············· 雏菊

血根草

延龄草

大波斯菊

野玫瑰

3.斐波那契数还可以在植物的叶、枝、茎等排列中发现。例如,在树木的枝

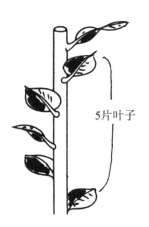

5片叶子

干上选一片叶子,记其为数0,然后依序数叶子(假定没有折损),直至到达与第0片叶子位于同一直线的叶子,则两者间的叶子数多为斐波那契数。两者间叶片绕转枝干的圈数也是斐波那契数。叶子数与叶子绕转圈数的比称为叶序比("叶序"源自希腊语,意即叶子的排列)。多数的叶序比刚好为斐波那契比。

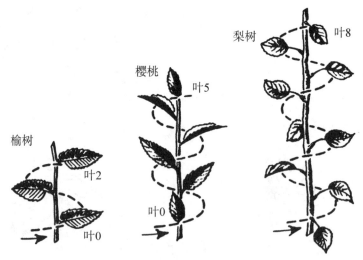

梨树 叶8

樱桃 叶5

榆树

叶2

叶0

叶0

4. 斐波那契数有时也被称为松果数,因为连续的斐波那契数很容易排列出类似于松果的左旋和右旋的螺线。向日葵的种子的排列便是如此。此外,你还能发现一些连续的卢卡斯数。[①]

8条右旋螺线和13条左旋螺线　　　　　向日葵的种子盘

5. 菠萝也是一种包含斐波那契数的植物。你可以数一下菠萝表层上六边形鳞片所形成的螺旋线数。

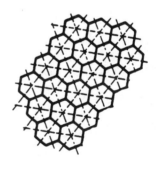

---

① 卢卡斯数构成一个类似斐波那契数列,它以1和3为起始数,其后继数可由前两个数相加得到。这样,卢卡斯数列便是1,3,4,7,11,…。该数列是以19世纪数学家卢卡斯(Edouard Lucas)的名字命名的,斐波那契数列的名字便是他取的,他还研究过递归序列。卢卡斯数列与斐波那契数列的另一个相关之处在于:

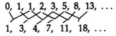

$$0,\ 1,\ 1,\ 2,\ 3,\ 5,\ 8,\ 13,\ \ldots$$
$$1,\ 3,\ 4,\ 7,\ 11,\ 18,\ \ldots$$

——原注

斐波那契数列与黄金分割比

相邻的斐波那契数的比构成数列：

$$\frac{1}{1}, \frac{2}{1}, \frac{3}{2}, \frac{5}{3}, \frac{8}{5}, \frac{13}{8}, \cdots, \frac{F_{n+1}}{F_n}, \cdots$$

$$1, 2, 1.5, 1.6, 1.6, 1.625, 1.6153, 1.619, \cdots$$

它们交错地或大于或小于黄金分割比 ϕ 的值。该数列的极限为 ϕ。这种联系暗示了无论在哪里(特别是自然现象)出现黄金分割比、黄金矩形或等角螺线，斐波那契数都将伴随着出现，反之亦然。

猴子与椰子

　　三名水手和一只猴子因船舶失事而流落在一个岛上,在那里唯一能吃的食物是椰子。他们为采集椰子而劳累了一天,于是决定先去睡觉,等第二天起来后再分配食物。

　　夜间,一个水手醒来,决定拿走属于他的那份椰子而不想等到早上。他把椰子平均分成3份,但发现多出了一个椰子,于是把这个多出的椰子给了猴子。接着他藏好了自己那份椰子后又去睡觉了。不久,另一个水手也醒来了,他做了与第一个水手同样的事,也把此时正好多出来的一个椰子给了猴子。而最后

第三个水手醒来,他也跟前两个水手一样分了椰子,并把此时多出的一个椰子给了猴子。早晨,当三名水手起床时,他们决定为猴子留下一个椰子后把其余的椰子平分为三堆。

试问,水手们采集到的椰子的最少数目是多少?

试将同样的问题推广到4个和5个水手。

解这个问题的方程称为丢番图方程。希腊数学家丢番图最早把这种方程用于解特定类型的问题。

（答案见附录）

蜘蛛与螺线

4只蜘蛛从一个6米×6米的正方形的4个角开始爬行。每只蜘蛛都以每秒1厘米的速度朝其右边的那只蜘蛛爬行过去。结果它们都逐渐朝着正方形的中心移动。4只蜘蛛总是位于某个正方形的4个顶点上。

多少分钟后它们会在中心相遇?

蜘蛛所走的路线形成等角螺线[①]。

试将此问题延伸至其他正多边形进行分析。

(答案见附录)

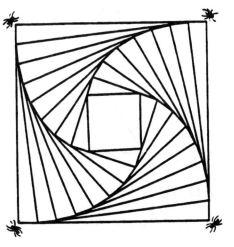

---

① 更多有关等角螺线的信息,可见"黄金矩形"一节。——原注

附　　录

三角形变为正方形

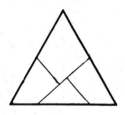

麦粒与棋盘

$$1 + 2 + 2^2 + 2^3 + 2^4 + \cdots + 2^{63}$$

T问题

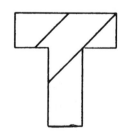

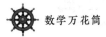

无穷旅店

保罗决定将每个房间的居住者搬到房号是居住者现有房号两倍的房间里去。即第一号房间的客人去第二号房间,第二号房间的客人去第四号房间,第三号房间的客人去第六号房间,依此类推。这样一来,他空出了所有奇数房号的房间,留给无限公共汽车运载来的旅客。

劳埃德的谜题

从中心开始依以下所指的方向移动到相应的方格:

西南、西南、东北、东北、东北、西南、西南、西南、西北。

斐波那契的秘诀

如果 a 和 b 表示头两项,则接下去的项为 $a+b, a+2b, 2a+3b, 3a+5b, 5a+8b, 8a+13b, 13a+21b, 21a+34b$。易知,头十项的和为 $55a+88b$,它是第7项 $5a+8b$ 的11倍。

数学家卡罗尔

卡罗尔的解析——

m = 人数,

k = 最后一个人(钱最少的人)身上的先令数。

在一轮之后,每人都比原来少了一个先令,而移下去的一堆则有 m 个先令。k 轮之后,每个人少了 k 先令,此时最后一个人身上已无先令,他转下去的一堆含有 mk 先令。上述过程在以下情况下结束,即当最后一个人收到转来的这堆共含有 $(mk+m-1)$ 先令。此时最后一个人的前一个人身上已无先令,第一个人则有

$(m-2)$先令。

第一个人与最后一个人是仅有的两个,其拥有先令数的比可能为4:1的相邻的人,这样,

要么$mk + m - 1 = 4(m - 2)$,

要么$4(mk + m - 1) = m - 2$。

第一个方程给出$mk = 3m - 7$,即$k = 3 - \dfrac{7}{m}$,它除$m = 7$和$k = 2$之外没有其他整数解。

第二个方程给出$4mk = 2 - 3m$,它没有正整数解。

于是,问题的答案是:

7个人;最后一人初始时有2先令。

令人惊奇的跑道

证明:

跑道的面积是——$\pi R^2 - \pi r^2$。这是大圆面积与小圆面积的差。

从74页图知,弦的长度为$2\sqrt{R^2 - r^2}$。以此弦为直径的圆的面积为$\pi(R^2 - r^2)$,即$\pi R^2 - \pi r^2$。

波斯人的马

两匹水平放置的马,腹部对腹部;两匹垂直放置的马,背部对背部。

苔埃德的驴

芝诺悖论——阿基里斯与乌龟

阿基里斯在 $1111\frac{1}{9}$ 米时赶上乌龟。如果比赛的路程比这短,则乌龟胜;如果恰好等于上述的距离,则双方平分秋色;否则阿基里斯就要超过乌龟。

丢番图之谜

设 n 代表丢番图活的岁数,则:

$$\frac{n}{6}+\frac{n}{12}+\frac{n}{7}+5+\frac{n}{2}+4=n$$

化简得:

$$\frac{3}{28}n=9$$

$$n=84(岁)$$

棋盘问题

不可能用多米诺牌覆盖题中差缺的棋盘。

一个多米诺牌必须占据一个白色和一个黑色的方格。由于两角拿掉的是同一种颜色的方格,这样必然会有白色或黑色的方格留下来。

1＝2 的证明

第5步出现除以零的情形。这是因为数零隐藏于表示式 $b-a$ 之中,当 $a=b$ 时表示式 $b-a$ 等于零。

预料不到的考试悖论

考试不可能在星期五,因为它是可能举行考试的最后一天,如果在星期四还没有举行考试的话,那你就能推出星期五要考;但老师说过,在当天早上八点之前不可能知道考试日期,因此在星期五考试是不可能的。但这样一来星期四便成为可能举行考试的最后日期,然而考试也不可能在星期四,因为如果星期三没有考试的话,我们就知道考试将在星期四或星期五举行,但从前面的论述可知道,星期五可以排除,这就意味着在星期三就已知道在星期四要进行考试,这是不可能的。现在星期三便成为最后可能考试的日子,但星期三也要排除,因为如果你在星期二还没有考试的话,便能断定在星期三要考。依此类推,根据同样的理由,全周的每一天都被排除。

逻辑问题

农夫首先将羊带过河,然后返回带狼过河;过河后把狼留下,而将羊带回到原先出发的地方;然后再把羊留在原地而把白菜带过河;再把白菜留在狼那边,自己返回;最后又一次把羊带过河,带到狼和白菜等着的地方。

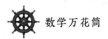

帕普斯定理与九币谜题

柴棚、水井和磨坊问题

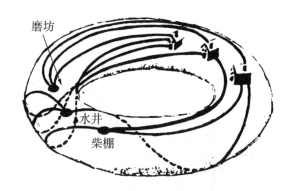

磨坊
水井
柴棚

柴棚、水井和磨坊问题在欧几里得平面是无解的(不管路多长),但如果把房子盖在环形曲面或甜甜圈形表面上(如图所示),那么解答将是很简单的。

假币谜题

只要称一次!

从第一堆银币中取一枚放在秤盘上,从第二堆银币中拿两枚放在秤盘上,从第三堆银币中拿三枚放在秤盘上,从第四堆银币中拿四枚放在秤盘上,依此类推。如果其中没有假币,你能算出秤盘上的银币该有多重。因此,如果你发现秤盘上重了多少,就能确定哪一堆是假币,因为堆的序数与拿出的币数是一样的。例如,秤盘上比正常重了4克,那么第4堆必为假币,因为你从这一堆中取出了4个银币放在秤盘上。

三人面墙问题

离墙最远的那个人必然看到了两顶茶色的帽,或者一顶茶色的帽和一顶黑色的帽,因为如果他看到的是两顶黑色的帽,便能知道自己戴的是茶色的帽。

中间那个人看到的必然是茶色的帽,因为如果他看到的是黑色的帽,他就能从第一个人的回答中知道自己必然戴着茶色的帽。因此面对墙的最前面的那个人便能推出自己只能戴着中间那个人看到的茶色的帽。

蜘蛛与苍蝇问题

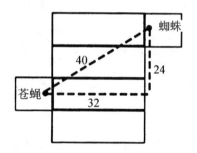

猴子与椰子

79个椰子。

令 n 代表原先椰子的数量。

给猴子的数	每个水手自己藏起的数	堆中留下的数
1	$\dfrac{n-1}{3}$	$\dfrac{2n-2}{3}$
1	$\dfrac{2n-5}{3} \div 3 = \dfrac{2n-5}{9}$	$\dfrac{2(2n-5)}{9} = \dfrac{4n-10}{9}$
1	$\dfrac{4n-19}{9} \div 3 = \dfrac{4n-19}{27}$	$\dfrac{2(4n-19)}{27} = \dfrac{8n-38}{27}$
1	$\dfrac{8n-65}{27} \div 3 = \dfrac{8n-65}{81}$	0

n = 原先椰子的总数，而 $\dfrac{8n-65}{81}=f$ 是第二天早上每个水手分到的椰子数。

让 f 从 1 开始连续地取整数值，可知为了使 n 为整数，则 f 的最小值为 $f=7$，此时 $n=79$。

蜘蛛与螺线

注意到蜘蛛移动后所形成的正方形尺寸不断缩小，但它永远留在原正方形内。由于每只蜘蛛走的路都与其右边的蜘蛛走的路相垂直，因而一只蜘蛛到达其右边的蜘蛛所花的时间，与右边的蜘蛛不动时该蜘蛛爬到的时间是一样的。这表明每只蜘蛛都爬行了 6 米，即 600 厘米。蜘蛛爬完这段路需要 600 秒，即 10 分钟。